U0444866

理解
·
现实
·
困惑

轻度
PSYCHOLOGY

获得成功与幸福的内在力量

积极的动机
POSITIVE MOTIVATION

[美] 肯农·谢尔顿（Kennon Sheldon）/ 著

安妮（Annie R. Liu）/ 主编　　安妮（Annie R. Liu）/ 译

中国纺织出版社有限公司

推荐序

让积极心理学好用起来的幸福课
心理工作者、教师与家长必备的工具包

樊富珉 / 文

积极心理学是一门研究人类幸福与优势的科学，它既是一门基础科学，也是一门应用科学。积极心理干预（Positive Psychology Intervention，PPI）也称幸福干预，是一系列以积极心理学理论为依据、以提升幸福感为目的，促进改变和成长的策略、方法和行动。积极心理干预的实施路径可以是个体干预，也可以是家庭干预、团体干预、课堂干预、社区干预等。积极心理干预不仅可以让本来就健康的个人通过干预练习变得更加幸福，还可以在整个心理健康的领域起到预防心理问题的作用，产生"上医治未病"的效果。

积极心理干预在促进身心健康，增强积极认知、积极情绪、积极行为和积极关系，提升成就和幸福感方面的效果已经被大量实证研究所证明。

积极的动机

- 一项对51个积极心理干预研究的元分析发现，积极心理干预可以有效地减轻抑郁症状，增加幸福感（Sin & Lyubomirsky, 2009）；

- 积极心理学创始人塞利格曼教授等人的研究也发现，提供一些积极心理干预可以持久地增加人们的幸福感并减少抑郁症状（Seligman et al., 2006）；

- 积极心理干预还有疗愈作用，如识别和运用品格优势的干预可以增强心理韧性，帮助人们从创伤中恢复（Hamby et al., 2018）；

- 积极心理干预对成就也有促进作用，比如一项对高中生的研究发现，积极心理干预通过增强学生的学习动机，提高了他们的学习成绩（Muro et al., 2018）。

最近二十多年，我国陆续翻译和引进了不少积极心理学的著作，也有本土的心理学家出版了多本积极心理学相关书籍，为向大众普及积极心理学、推广积极心理学发挥了积极作用。但总体上看，专门介绍积极心理干预的原理和方法，且以实践练习为主的书籍尚付阙如。我和我的团队十多年来致力于积极心理团体辅导的研究，积累了不少经验，发表了不少论文，但也还没有成书。看到由安妮主编和组织翻译的"积极心理干预书系"的出版，我的眼前一亮，有一种及时雨的感觉。无论是对于专业的心理学工作者，还是对于学校教师、家长，以及寻求成长的个人，书中介绍的提升积极认知、积极情绪、积极行动的方法，以及各种增进身心健康和幸福的策略都是深为社会所需要的。

基于我对这套书的认识和了解，以及作为一名国内积极心理干预的推动者和实践者，我非常愿意向心理咨询师、精神科医生、企业培训师、个人成长教练、学校教师、社会工作者、家长，以及每一位希望预防和减轻焦虑和抑郁、提升生活满意度和幸福感的人推荐这套书，相信这套书中介绍的理论和方法能够让我们的生活更美好、人生更丰盛、社会更和谐！

樊富珉　教授
北京师范大学心理学部临床与咨询心理学院院长
教育部普通高等学校学生心理健康教育专家指导委员会委员
中国心理学会积极心理学专业委员会副主任
清华大学心理学系副主任，博士生导师（荣休）
清华大学社会科学学院积极心理学研究中心主任（荣休）

推荐序

从积极心理学理论到积极心理干预

孙沛 / 文

非常高兴安妮主编并领衔翻译的"积极心理干预书系"问世，我也很高兴借此机会，写下我对积极心理学的一些看法和对积极心理干预实践的期待。

一、时代需要科学的积极心理干预

每年的 3 月 20 日是国际幸福日。我们看到，无论地区与文化差异，人们都把幸福作为人生追求的终极目标，人人都想拥有一个幸福的人生。但在实际的学习、工作和生活中，很多人并不知道幸福是什么以及如何获得幸福。中国科学院心理研究所 2023 年发布的《2022 年国民心理健康调查报告》显示，中国人抑郁风险的检出率为 10.6%，焦虑风险的检出率为 15.8%，而 18~24 岁青年抑郁风险的检出率则高达 24.1%。如何治疗人们已经存在的心理问题，预防心理问题的进一步发生，提高全民心理健康水平,是我们亟待解决的重大社会问题。

积极心理学是一门关于幸福的科学,以科学的理论和方法来研究人类积极的心理力量,这些心理力量包括乐观、善良、感恩、热忱、和谐、自律、意义、创造等,如果我们能将所有这些力量挖掘出来并积极运用,每一个个体、每一个家庭和组织,甚至整个社会都将更加繁荣昌盛、快乐幸福。

积极心理学也是一门注重幸福实践的科学。我们不仅需要从事积极心理学的理论研究,还需要研发一系列实用的方法,以此来预防和解决不同个体和组织面临的具体问题。因此,积极心理学从诞生开始就将科学理论和具体实践紧密结合,发展出了多种积极心理干预方法,在心理测评、个人成长、儿童青少年优势培养、组织培训以及抑郁症治疗等领域,都取得了明显的成效,得到了心理学界和社会大众的广泛认可。

在积极心理学诞生前,鲜有经过科学验证的提升幸福感的干预方法。进入21世纪后,伴随积极心理学的蓬勃发展,已经出现了数百种积极心理干预方法。本书系重点介绍了那些经过科学验证的积极心理干预方法,相信能够对大家的生活和工作有所助益。

二、积极心理干预的开创之作

所有的个人、家庭和组织机构都面临着一些不可回避的问题:美好的人生、幸福的家庭、积极的组织是什么样的?如何才能提升我们获得健康、快乐、成功和意义的能力？是什么帮助个人和组织蓬勃发展并发挥最大潜能？

"积极心理干预书系"从不同的角度回答了上述问题。我认为本书系有以下几个鲜明的特点。

第一，内容全面。主题包括积极自我、积极情绪、积极动机、积极关系、积极正念、乐观、希望、福流、品格优势与美德等。作为一套积极心理干预的开创之作，本书系涵盖了心理学中的知、情、意、行等主要领域。

第二，有道有术。一方面，这套书虽然是实践手册，但高屋建瓴，对每一种主要的干预方法都用简明的语言介绍了背后的科学原理和已有的研究结论，让读者知其然，也知其所以然，正如中国古人所言："有道无术，术尚可求；有术无道，止于术。"另一方面，本书系的重点不在于阐述理论，而是介绍了众多实用的积极心理干预方法和工具，因此可以说，本书系是既有道、又有术，由于"术"是建立在科学的"道"的基础上的，所以读者们能够举一反三、活学活用。

第三，知行合一。积极心理干预的特点决定了它是以行动和实践为导向的，就是从知到行、知行合一，最后落实到让读者从实际生活中获益。本书系架起了学术与实践的桥梁，将心理学界最新的研究成果与真实世界的具体问题相关联，并指导读者在自己的生活中思考和运用这些基于证据的方法。为了强化实践与行动，每本书都包含了很多的思考、练习和行动指南。

第四，应用广泛。积极心理干预非常适合心理学专业人士，这些理念和方法可以提升非临床服务对象的积极状态以及多方面的能力。目前，积极心理干预也越来越多地应用于临床环境，比如作为治疗精神疾病的辅助干预措施并取得了显著的效果；积极心理干预也可以很方便地被企事业单位所采用，以此来建立积极的组织并提升业绩；本书系也适合个人成长的需求，每一个寻求发展的人都可以从中学到很多提升身心健康水平与收获成功的具体技巧；当然，家长和老师们也完全可以用这些工具来帮助自己的孩子和学生。

三、名家云集的大成之作

本书系是国际上最早的一套积极心理学实用学习手册，也是迄今为止唯一一套系统介绍积极心理干预方法的书籍。

中文版主编和主要译者安妮也是一位资深的积极心理学者。安妮在哈佛大学受过严格的传统心理学训练，此后又在宾夕法尼亚大学学习积极心理学，师从积极心理学的创始人马丁·塞利格曼教授。从2012年起，安妮就在中国推广积极心理学，是最早在社会上进行大规模积极心理学培训的学者之一，主题涵盖个人成长、积极教育、积极父母、积极组织等，为积极心理学在中国的普及和发展作出了突出的贡献。此外，在清华大学积极心理学指导师项目尚处于雏形时，安妮便参与课程设计并担任主讲教师，目前这个项目已成为清华大学社会科学学院积极心理学推广的著名品牌。除此之外，安妮还是一位笔耕不辍的作者和译者，原创、主编和翻译的心理学著作已有10余本。现在我很欣慰地看到她主编并领衔翻译的"积极心理干预书系"问世，相信这套书能够为中国的积极心理干预作出开拓性的贡献。

综上，我认为本书系是一套科学、实用，而且可读性很强的工具书。我很高兴安妮为读者们奉献了这样一套高质量的书籍。让我们一起努力，每个人都发挥出自己的品格优势，让自己的人生更加丰富多彩、让家庭更加幸福、让社会更加和谐进步。

孙沛

清华大学心理学系副教授，博士生导师

清华大学社会科学学院积极心理学研究中心主任

推荐序

积极心理学，重在行动

赵昱鲲 / 文

祝贺安妮主编并领衔翻译的"积极心理干预书系"出版！

安妮和我是宾夕法尼亚大学应用积极心理学硕士的同门。这个项目是由"积极心理学之父"马丁·塞利格曼创建的，英文叫 Master of Applied Positive Psychology，简称 MAPP。我还记得我们班毕业时，塞利格曼问我们："M、A、P、P，这4个字母，哪一个最重要？"

大家都回答说："第一个 P，Positive，也就是积极，最重要！"

因为我们都知道，塞利格曼发起"积极心理学运动"，初衷就是为了平衡传统心理学过于重视负面、过多强调治疗的倾向，因此提出也需要看到人类的正面心理，也需要用严谨的科学方法研究如何帮助人度过更加蓬勃、充实的一生。那么，"积极"当然就应该是我们这些应用积极心理学硕士们最需要记住的关键词。

积极的动机

但是塞利格曼说："不对，应该是 A，Applied，应用。"

为什么呢？他解释说：积极心理学是一门科学，因此必须有严谨的科学研究做支撑。但是，积极心理学不同于其他学科的是，它与每个人的生活都紧密相连。因此，仅仅发表学术论文是不够的，更重要的是把它应用出去，让每个人都能从中获益。

所以，他经常说："积极心理学，至少有一半是在脖子以下。"也就是说，积极心理学要以行动为主。

无独有偶，积极心理学的奠基人之一克里斯托弗·彼得森也在他编写的世界上第一本积极心理学教材里说："积极心理学不是一项观赏运动。"他在宾夕法尼亚大学给我们应用积极心理学硕士授课时解释说，积极心理学并不是让大家拿来阅读、欣赏的，而是要靠大家亲自下场，在自己身上实践的。

安妮主编的这一套书正体现了老师们的这一精神。安妮在哈佛大学获得了心理学硕士学位，学习期间受到积极心理学的感召，又到宾夕法尼亚大学完成了应用积极心理学的硕士学位，过去十几年，她在从事学术研究的同时，始终把重心放在实践上。

这一点在中国也特别重要。由于"积极心理学"这个名字听上去和心灵鸡汤、成功学太像，甚至一些人在宣讲积极心理学时也会有意无意地向心灵鸡汤、成功学靠拢，或者有些心灵鸡汤、成功学领域的人给自己套上积极心理学的包装，因此，确实很多人对积极心理学有很大的误解，觉得积极心理学就是忽悠，就是给人打鸡血，其实没有什么用。

因此，"积极心理干预书系"的出版就特别有必要。这个系列涵盖了积极心理学常用的主要干预方法。作者都是在该领域中深耕多年的专家，内容既有理论深度，值得读者思考，又饶有趣味，中间还有很多个人故事和用户案例，可读性很强。当然，最重要的是，它们提出了针对人生各个方面的可以操作的方法，共同构成了一套拿来就可以用的积极心理干预体系。这套书出版过程中，安妮带领团队几易其稿，精心翻译和编辑，使其没有译著常见的语言磕磕绊绊甚至难以理解的现象，让读者有良好的阅读体验。此外，安妮还为每本书的每一周都撰写了导读，将书籍内容深化、通俗化、中国化、落地化，更加贴近中国读者需求。"积极心理干预书系"今后还会有更多优秀的书籍充实进来，相信这个书系会成为一个响亮的品牌，为中国积极心理学的推广作出贡献。

所以，我也很高兴在这里推荐这个书系，希望大家可以把这套书拿去，用在自己身上、用在其他人身上。相信这套书将帮助我们共同提升人类福祉，建设一个更美好的世界。

赵昱鲲

清华大学社会科学学院积极心理学研究中心副主任

主编序

人人都可获益的幸福实践课

安妮（Annie R. Liu）/ 文

为什么在众多心理学和积极心理学的书籍中，我们需要这套"积极心理干预书系"？

最近二十多年，中国掀起了积极心理学的热潮。但也有人对积极心理学持保留态度，认为积极心理学不实用，不能解决已经出现的问题。如果你对积极心理学持有这种看法，那你更需要阅读这套书，因为积极心理干预就是预防和解决问题的一套实用方法。

一、什么是积极心理干预

积极心理干预的英文是 Positive Psychology Interventions，简称 PPI。到目前为止，并没有一个"唯一"的对积极心理干预的定义。帕克和比斯瓦斯-迪纳将积极心理干预定义为"一种成功地增加了一些积极变量的活动，并能够合理且合乎伦理地应用于任何情境中"（Parks & Biswas-Diener, 2013）。他们认为，积极心理干预要有 3 个特征：第一，关注积极的话题；第二，以积极的机制来运作，或以积极的结果变量为目标；第三，旨在促进福祉，而非修复弱点。辛和柳博米尔斯基指出，积极心理干预"旨在培养积极的情绪、积极的行为或积极的认知"（Sin & Lyubomirski, 2009）。纳维尔则认为，积极心理干预是基于理论和证据的技术或活动，旨在积极地改变个人、团体或组织成员的思想、情绪和行为，以提高他们的快乐和幸福水平（Nevill, 2014）。

综合学者们的定义，我为积极心理干预做了一个操作化的定义：积极心理干预是一些基于科学理论和证据而有目的地设计和实施的方法与活动，旨在促进个人、群体或组织在认知、情绪与行为等方面发生积极的改变，以提升人的身心健康、生活质量与幸福感。

二、积极心理学的新范式：从理论到干预

从积极心理学到积极心理干预，是一个从理论到实践的范式转变。有哪些干预方法是科学的、有效的，如何在实践中进行可行并有效的操作，这是全世界的积极心理学人正在探索的课题，也是中国心理学界需要回答的问题。

目前，世界各国的心理和精神健康从业人员、教练和培训师们都在大量地运用积极心理干预。比如在美国，心理学家、心理咨询师、心理治疗师以及临床社会工作者们，都在运用积极心理干预帮助人们提升心理状态和生活质量；生活和职场教练们更是以积极心理学为理论和技术背景，帮助人们在生活或职场中取得成功；在组织和管理领域，无论是

建立积极学校、幸福企业，还是培训政府机构、军队、运动队，人们都在大量运用各种积极心理干预方法；精神科医生、心理健康执业护士以及其他领域的健康工作者们也在采用积极心理干预治疗病人；在其他致力于提升身心健康、生活质量和幸福感的领域，比如家庭、社区组织、养老机构、孩子的校外活动等，人们也都在运用积极心理干预。

因此，积极心理干预不仅具备前沿性和社会需求性，也能引领职业发展。如果你的职业与上述任何领域相关，这套书籍和课程应该能够强化你的知识、提升你的技能，让你保持在职业发展的前沿状态。当然，从理论到干预方法的范式转变仅靠一套图书显然是远远不够的。不过这是一个良好的开端，我们希望这套书不仅能够普及积极心理干预的知识，也能作为一套课程搭建起中国积极心理干预的培训体系。

三、为什么积极心理干预适用于每个人

1. 科学、循证：对别人有效，对你同样有效

与随意想出的"成功的四大原则""幸福的五个方法"之类的自助教程不同，"积极心理干预书系"中的方法基本上均来自科学的循证研究，研究过程和结果通常可以被其他人复制和验证，也就是说，如果这些干预的步骤和方法对别人有效，对你所在的人群也应该是有效的。书系介绍的干预策略、方法、活动和练习都是有科学依据的，因此是值得信赖的。

2. 应用更广泛：面向大众和日常生活，亦可作为临床治疗的补充

所谓干预，就是非自然的、有意进行的、希望带来改变的行为。比如，孩子如野草般自然成长不叫干预，送他们到学校学知识和文化、对他们的攻击性行为进行批评教育时，才是实施了干预。

积极心理干预就是有目的地设计和实施的、旨在给个人和团体带来积极改变的实用方法。从这个角度来看，积极心理干预包括了积极的教育、辅导、咨询以及治疗。也就是说，积极心理干预既包括对非临床的"正常人"的教育和辅导，也包括对出现了一定心理困扰的人的咨询，还包括对已经出现了心理问题的群体的积极心理治疗。

本书系主要是针对非临床人员以及有一些心理困扰者的教育、辅导和咨询。这套书主要帮助大众在日常生活中进行自我提升，以及帮助"正常人"和亚健康人群在出现问题和处于情绪低潮期时进行心理调整。当然，对于需要医疗介入的临床人员，也可以将本书系中的方法作为心理治疗的补充。本书系还有另一本书《生活质量疗法》，其中的理论和方法则既适用于非临床人员的辅导和咨询，也可对临床人员进行积极心理治疗，是积极心理干预的另一条新路径。

3. 适用于多种情境：可运用于个人、群体或组织

积极心理学是使个人和团体蓬勃发展的关于优势与幸福的科学。积极心理学最初关注的就是三个核心问题：积极的情绪、积极的个人特质和积极的组织（Seligman, 2002），前两者是有关个人的，后者是有关组

织的。同样，积极心理干预既可以用于个人，可以用于家庭、社群等群体，也可以用于学校、企事业单位等组织机构，具体的实施情境可以是个人成长、身心健康、家庭关系、夫妻关系、亲子关系、学校建设、企业和组织机构建设，以及社区建设等。

本书系适用于与上述各种情境相关的人群，例如：

- 心理咨询师、辅导师、培训师、教练、心理医生等专业的助人者；

- 教师、家长、管理者等需要教育、管理和指导他人的人；

- 追求身心健康、个人成长与幸福的人士。

4. 积极正面的导向：旨在提升幸福，而非修复弱点

积极心理干预更多地聚焦在积极的方面并带来正向的成长，而不是聚焦在消极方面，仅仅修复弱点和减少问题。"去除负面"和"提升正面"是既有联系又相对独立的过程。消除了心理疾病，不见得就拥有了健康有活力的身心状态；改正了缺点，不等于就自动拥有了长处和美德；减少了问题，不意味着拥有了幸福感。

本次出版的 5 本书，着力点不在于治疗疾病和改变缺点，而是提升个人、群体与组织的身心健康、生活质量和幸福感。比如，《快乐有方法》通过 12 个积极干预策略来提高人的积极情绪和幸福感；《积极的自我》通过叙事疗法帮助人们理解与提升自我，从而变得更自信、充实；《积极的动机》通过帮助人们建立积极的、自我协调的内在动机，充满活力地投入生活，获得成功和幸福；《积极的正念》则分享感受世界的正念方法以及一系列身心调节的技术，让身心变得更健康、生活更有质量、幸福感更强。因此，无论你目前处在什么样的状态，只要你希望获得正向的成长，只要你是一个追求身心健康、生活质量和幸福感的人，这套书都适合你。

5. 简约可行，随时随地可学可用：为期 6 周的幸福提升课

本书系虽然由名家撰写，却不是故作高深之作，也不是知识高度浓缩的心理学教科书，而是一套高质量的"幸福提升课程"。本书系中的理论部分讲得"简约而清淡"，很容易理解和消化，更侧重方法的介绍和实践的引领。读者们在书中会看到大量的方法和练习，可以学到很多具体的"怎么办"。重点是，这些方法实操性很强，随时随地都可以用起来。

本书系中的 5 本书，每一本书都是 6 堂课，咨询师、辅导师、培训师等专业人士可以直接将这些课程转化为培训内容和教材；管理者可以将这些课程作为企业文化建设或者组织团建的内容；教师几乎可以直接将本书作为讲义，加上贴合自己学生情况的案例即可；家长们也可以用这些课程辅导自己的孩子，并跟孩子一起成长；当然，每一个追求成长的个人都可以将这套书作为自助练习，循序渐进地自我提升。如果每周认真学习一堂课，那么 6 周之后、30 周之后，您或您的客户、来访者、员工、学生或孩子，将会发生明显的积极改变。

四、幸福的遇见与分享

我在哈佛读研究生时，通过选修泰勒·本－沙哈尔（Tal Ben-Shahar）的积极心理学课（著名的"哈佛幸福课"）而了解了马丁·塞利格曼（Martin Seligman）、埃德·迪纳（Ed Diner）、索尼娅·柳博米尔斯基（Sonja Lyubomirsky）等积极心理学大师，并受到他们的感召而赴积极心理学的大本营宾夕法尼亚大学修读应用积极心理学硕士。本书的多位作者都是我经常在积极心理学课堂和会议中遇见的学者，后来我得知罗伯特·比斯瓦斯－迪纳（Robert Biswas-Diener）组织出版了这套书，于是非常欣喜地将这套书（也是全球唯一的一套积极心理学工作手册）引进中国。

我非常珍惜这套书。在这套书的翻译过程中，我和翻译团队先后四易其稿。在出版之前，编辑们对本套书又进行了细致的校对和编辑。翻译是无止境的，由于水平所限，本书一定存在不足之处，但希望读者们能够感受到我们在"信、达、雅"方面所做的努力。

在编辑此书的过程中，我们也努力做到用心。文中的每一个典故我们都去认真查证；特别不符合国情之处，我们在不影响原意的情况下，进行了少量的删改；鉴于积极心理学的发展日新月异，一些已经过时的信息，包括作者的信息，我们都进行了更新；除此之外，在每本书的每周开头，我都撰写了主编导读，目的是：

- 帮助读者更加了解作者及本书创作的背景；
- 补充最新的知识，保持这套书的前沿性；

- 从更广泛的意义上解读某些概念、理论或方法，让读者能够超越某一周的内容，在更大的背景中理解知识，获得整体感；

- 联系社会现实，对接中国文化，比如将书中的内容与攀比、焦虑、内卷、躺平等当下热议的话题相关联；

- 澄清可能的模糊之处，或以更加符合中国人思维的方式来解读那些可能会让读者感到困惑的重要理论或方法。

由于本人水平有限，加之时间紧迫，导读中有任何不妥或不准确之处，敬请各位同行及读者批评指正。

先后带领几班人马数度翻译和修订这套书，对我的坚毅力是一种考验；出版之前，在诸多生活事件发生的同时，我需要在较短的时间内完成书籍的再次校对并撰写导读，这对我的心理韧性也构成了挑战。不过，这套书助力我在压力下保持积极乐观的心态，我也深深地享受阅读和修订这套书的过程。希望你和我一样享受这套书，从阅读和实践中学到让自己的人生充实和幸福的方法，并亲身体验到积极心理学和积极心理干预带给你的精神力量。

安妮（Annie R. Liu）

哈佛大学心理学硕士，宾夕法尼亚大学应用积极心理学硕士

师从积极心理学创始人马丁·塞利格曼

积极心理学教育研究院副院长

邮箱：yxxy_edu@163.com

目录 CONTENTS

第 1 周	什么是"积极的动机"	1
第 2 周	动机的"为什么"和"是什么"	23
第 3 周	动机的目标系统	53
第 4 周	归因及成就目标理论	83
第 5 周	如何激励他人	107
第 6 周	人们真正需要的是什么	131

POSITIVE MOTIVATION

第 1 周

什么是"积极的动机"

主编导读

多年前，我听一位有经验的老教师说："我不怕学生学习不好，就怕没有上进心。没有上进心的孩子就像一摊泥一样，提不起、拉不住。"

后来，我又听一位资深心理咨询师说过相似的话："不怕来访者有问题，就怕他们没有改变的意愿和决心。"

此后，我还听一位成功的企业家说过类似的话："不怕工作中出问题，就怕员工没有敬业心、混日子。"

上进心、改变的意愿和决心，以及敬业心，都与动机密切相关。

动机对于我们克服困难、实现目标、在学习和工作中表现出色至关重要。在本书中，著名的动机专家带领我们游历了"积极动机"这一引人入胜的领地，读完本书，你将了解影响动机的关键因素、掌握自我决定理论、成就理论以及动机的目标系统，知道如何运用归因理论、成长型心态、自我协调性目标等理论和方法来激励自己和他人。

本书作者肯农·谢尔顿（Kennon Sheldon）是美国密苏里大学的心理学教授，他的研究领域包括幸福感、动机、自我决定理论、人格心理学和积极心理学等。由于出色的研究与影响力，他于2002年获得了坦普顿（Templeton）基金会颁发的积极心理学奖，并于2014年获得了迪纳（Diener）人格心理学职业中期成就奖。谢尔顿教授撰写了《临床中的自我决定理论：对身心健康的激发》（*Self-Determination Theory in the Clinic: Motivating Physical and Mental Health*）等多部学术著作，还编辑了多本学术书籍，发表了两百多篇学术论文，是一位非常多产且成就卓著的学者。

谢尔顿教授不仅是著名的学者，还是一位出色的老师，他将本书作为一个 6 周的课程来呈现。阅读第 1 周内容的时候你就会发现，本书的逻辑和结构非常清晰，作者用关于动机的 4 个问题（是否有、是什么、为什么、怎么做）统整全书（即 6 周的全部课程），并且清楚地指出了每周具体讨论哪些问题、从哪个角度进行讨论。此外，在每周的最后他都会提前告知下面几周的学习内容，而在下一周的开始，又都会对上一周的内容进行回顾，使各周的内容互有衔接，非常有利于学习和记忆。如果你没有完成上周的作业，他还会谆谆提醒你，并给你补课的机会。真心感觉谢尔顿教授是一位非常懂得教学法且极其耐心的好老师，读这本书就像在他的课堂上课一样，有身临其境的感觉。

在第 1 周，谢尔顿教授首先定义了动机是什么，以及动机与幸福的关系，并讨论了是否存在动机过强的问题，然后讨论了关于动机的 4 个核心问题，它们分别是：是否有动机（Whether）、什么样的动机（What）、为什么会有此动机（Why）、怎么做才能实现动机所指向的目标（How）。

我感到翻译这本书的过程是一段有挑战但令人感到充实和愉快的学习之旅。愿你和我一样，享受接下来的学习过程。

积极的动机

欢迎来到积极心理学动机主题的学习。动机是一个普世相关的话题，它不仅与心理学研究相关，而且是我们日常生活的核心。比如，我们如何让自己从热被窝中爬出来去跑步？为什么我们轻易就能找到不做某事的借口？为什么我们有时会沉迷于一些对我们有害的事情，而那些明知对我们有利的事情，我们却难以做到？虽然这些问题的答案很复杂，但好消息是，积极心理学和心理学其他分支的研究已经为我们找到了答案。

动机研究最好的一点在于，它可以被应用于我们真实的生活场景，让我们有优异的表现，达成想要的目标。无论是作为老师、家长、管理者还是咨询师，我们都要思考这样的问题：我们应该如何激励我们的学生、孩子、下属和来访者，让他们充分发挥和发展自己的潜力，而不是被他们身上那些不好的地方或者不佳的表现拖垮？动机也涉及人生价值和意义这一重大问题：我们该如何利用我们的时间、精力和注意力，从而将生与死之间的那个巨大的虚空填充得充实而美好？你将会看到，积极动机的研究为这些重要的问题提供了一些初步但经得起检验的回答。

举一个动机心理学与日常相关的例子。请思考一下你来上这门课的动机，你可能是对积极心理学非常好奇，并且希望学到一些关于动机的

第1周
什么是"积极的动机"

有用的知识，这些知识能够让你更好地理解自己和他人的动机，帮助你处理好与来访者、学生、同事之间的关系。如果你是自愿来上这门课的，没有父母的监督或者毕业学分的要求，那么，说到底，是你，就是你本人，驱动你来上这门课的。

相反，请回想一下你在中小学或大学期间那些厌学的时刻，也就是有一门必修课你很不想上，或者有一门课的老师你特别讨厌的时候。想到类似的时刻了吗？现在，想想当初你是怎样将自己拖去上课的，是否心怀怨念？是否有被强迫的感觉？无论你感觉如何，绝对不是"你"让你自愿去上那门课的，而且，动机问题还可能产生这样的后果：你要么很少去上那门课，要么学得很差。很可能你后来还是去上了那门课，而且也做了所有该做的功课，但是有一种心不在焉、内心抗拒的感觉——你最终通过了那门课，但是学了些什么现在全都忘了。我们很多人都有过这样的经历。

但也可能出现其他情况。当你沉下心来认真学习时，你可能会发现与这门课相关的一些内容居然非常有趣和有意义，这门课的主题甚至激发了你对这个领域终身的热情。这些情况都有可能发生。理解"动机的积极心理学"的一部分是要理解人们何以作出类似后一种情况那样的积极反应，而不是像前一种情况那样的消极反应。在这门课里，我们将要学习动机领域的前沿研究。积极动机的主旨是帮助人们成为最好的自己，而不是把他们铸造成生产线上的"标准化产品"。

积极的动机

　　顺便说一句，这门课中所有的理论和练习都得到了顶尖专家的认可和心理科学的支持。因此，它可不仅仅是一门"自助"课程、一些常识的汇集或是外行人粗浅的建议。这里呈现的概念和方法不是来自我个人的想象或看法，而是对现有理论和实验数据的合理整合，反映的是这个领域共识性的知识，经过专家评议的检验（事实上，本书中的内容已经通过了专家评议，即在出版前，由这个领域的专家审阅过）。这么说吧，我们承认，在各地书店的心灵鸡汤专区，在商业、教育和心理治疗领域的那些有着时髦名字的书籍中，确实有很多好的建议。但是，市面上也不乏错误的建议、糟糕的观点和无效的方法。更糟的是，你很难鉴别哪些是优质的作品、哪些是一时流行的低质量内容。你真正需要的是有可靠的实验数据支持的建议，这正是你将在这门课里得到的。

　　开场介绍的最后一个要点：我希望你经过 6 周的学习，可以对动机理论的重要概念有清晰的了解，可以将它们有效地运用到你实际的工作和生活中。动机理论是有能量的，如果你理解了动机理论并清楚地知道了它们之间的关系，那么你就可以用它们来解决几乎所有在生活或工作中与人相关的问题。为了达成这种效果，我会给你提供很多具体的活动，帮助你应用这些概念，以便你能够在课程结束后继续运用它们。事实上，我认为这门课不应该局限于每周的阅读，积极动机的内容不仅能带来知识，还可以带来互动、反思，甚至能够令人振奋。这门课不是让你被动地学习，你会被要求进行阅读、思考、运用技能、整合新知识、写简短的论文，以及积极地主导自己的学习。我相信，如果你不只停留在读这本书，而是积极主动地投入，你的收获会大大超出课程本身，尤其是，这一切并不是出于你的父母、老板或导师的要求。在我们一起开始这6周的学习旅程之际，希望你能和我一样，对这个话题充满兴奋和热情。

> "动机研究可以被应用于我们真实的生活场景，让我们有优异的表现，达成想要的目标。"

1.1 练习：你上这门课的动机

- 请在下面列出你决定来上这门课的所有原因。

- 你能将上述原因分为哪些动机？

- 哪一种动机对你的决定影响最大？

动机与幸福

与"动机的积极心理学"密切相关的一个基本问题是：为了保持快乐和高效，我们能够做些什么？人生体验有无限的可能，而这些体验很多都是我们自己制造的。那么，我们如何通过动机性行为，尽可能多地让自己体验到快乐、充实和成就感呢？这是人类历史上的一个古老而重要的问题，很多伟大的思想家的作品都是在回答这个问题，比如亚里士多德。在近代，这种追求幸福的目标——自我实现——是美国社会诞生的基础。在《独立宣言》中，"追求幸福"被奉为不可让渡的权利。不过，崇尚幸福并不仅仅是美国独有的现象，当代的国际性调查显示，在不同的文化中，例如在文化截然不同的巴西和中国，人们都将追求幸福作为重要的目标。幸运的是，积极心理学的研究一直在探讨动机与幸福之间的关系。事实上，目前有大量的追踪研究清楚地解释了是什么样的因果过程让人变得更幸福，并明确地指示了应该在什么阶段干预以及如何干预这个过程。在这门课中，我们将介绍这些研究，并请你思考这些研究对你、你的同事以及你所爱的人的影响。

这些研究表明，没有什么秘诀或简单的方法能让你成为一个更有动力、更幸福的人。秘诀或妙方是那些心理自助书（以及减肥书、快速致富书）的卖点，但它们并不好用。具备积极的动机可能很困难，而且总是需要付出努力。首先，我们需要努力研究和思考什么才是适当的动机，我们要像自己的医生一样，诊断我们内在的这位"患者"在其时间和精

积极的动机

力允许的情况下应该做什么，这并不容易。其次，我们还需要努力执行动机。通常，我们忍不住要去按心理闹钟的停止键，或者干脆把激励自己的闹钟关上。我们希望提升积极动机的努力更像是一种乐趣而不是工作，但有时可能并非如此——在那些时候，你必须通过"生存挑战"才能继续下去，那些能够通过挑战的人才会成为世界的塑造者。

何谓动机过强？

说到这儿，你们中的一些人可能会问：那些动机过强的人是怎么回事？那些因每天的压力或心理需要和社会需要长期得不到满足而心力交瘁的工作狂是不是动机过强呢？当代社会很多人不就是这个样子或者接近是这个样子的吗？媒体不是经常报道人们的压力越来越大吗？生活节奏不断加快，工作量不断增加，或许我们应该停下脚步，思考一下我们不断增加的动机背后的深层问题。有时，或许我们应该试着让自己减少一些动机，而不是获得更多的动机！

你的上述想法是有一定道理的。尽管有些时候，没有动机才是一件好事（比如，当你躺在海滩上度假时，或者在一天紧张的工作后），不过，这门积极的动机课基于这样一个根据研究提出的论点——人们几乎总是会从发现目标和追求目标中获益。大多数人被压垮，并不是因为他们的**动机太强**，而是因为他们将动机指向了**错误的方向**，或者他们用**错误类**

型的动机来做正确的事，又或者他们不能平衡不同的动机，以忽略其他重要动机为代价去追求一个目标。如果你或者你的来访者属于以上"动机过强"的人群，希望这门课可以帮助你们理解和解决这个问题。

> "人们几乎总是会从发现目标和追求目标中获益。"

1.2 思考：你动机过强了吗？

- 想想你每天都做的一些事以及你做这些事的动机，将其中那些拥有最强动机的事写下来。

- 在列出的这些事情中，你能发现哪些动机过强吗？你认为可能是什么导致了这种情况？

- 你身边的人呢？你认为你的朋友、家人、同事有哪些动机过强的情况？是什么原因导致的？

关于动机的 4 个问题:"是否有""是什么""为什么""怎么做"

让我们介绍这门课的一些核心词汇,关于是否有动机、动机是什么、为什么出现动机和怎样实现动机。这 4 个日常词汇对应了积极心理学和更广义的动机研究中的重要话题。

"是否有" 的问题是关于一个人是否有动机去做某事,这个问题可以用"是"或"否"来回答。显然,如果一个人没有动机,他是不会采取行动的!但对于很多活动,我们确实既没有动机也不会采取行动。对我来说,这些活动包括蹦极、骑马、买摩托车。请你把自己没有动机的活动列一个清单。下周我们将看到,"无动机"可以是一种心理状态,即使在我们"走过场"地做某件事时,它也可能存在。如你所料,无动机通常是一种有害的状态,它害了很多学生、员工、来访者和运动员。无动机最有可能出现在我们对自己获得成功的能力有非常低的期望时,它让我们在挣扎中感到无助和无望。

不过,这是一门积极心理学的动机课,而不是消极心理学的动机课。因此,我们不会在无助、无望和抑郁上花费太多的精力。相反,我们假设,在大多数情况下,人们存在一定程度的合理动机以及认为在活动中能够获得成功的可能性。那么问题来了,什么类型的动机最好呢?

"是什么" 的问题关心的是目标——动机指向的对象是什么?再次

说明，我们可以做的事情数不胜数。从积极心理学的视角来看，动机的"是什么"指的是，一般来说，有哪些活动比其他活动更加健康或有益？人的目标是什么？为了赢一场足球赛？养育一个负责任的孩子？或是从生意里捞一笔钱？从心理健康和动机的角度看，这些不同的目标有区别吗？那些与内在有关的动机，例如亲密关系、团体和谐和个人成长，会比那些外在的动机，如追求金钱、名声和外貌等方面的动机更有益吗？下周我们将看到，有很多研究为这些问题提供了答案。简要来说，人类似乎天生就追求内在的目标和价值，并从这种追求中获得情感上的益处。不过，人们也很容易被过度的外在目标所吸引，被个人和文化的榜样以及广告和媒体吸引注意力，来寻求一些最终适得其反的情绪调节方法。我们在本课的后面会对此作出深度讨论。

"为什么"会出现动机是指为何人们决定去做某个活动或追求某个目标。他们将动机的能量引向某个方面的原因是什么？我们将在本课程中学到，有几种有趣的方式来思考"为什么"的问题，其中最引人入胜的是由心理学家爱德华·德西（Edward Deci）和理查德·瑞安（Richard Ryan）提出的"自我决定理论"（第2周的话题）。这个理论检验了动机是内在的还是外在的，比如，我们给服务员小费、给孩子换尿布或去上课，是因为我们不得不做这些事，或者不做就会受到惩罚（外在动机）吗？还是因为我们认为做这些事对我们而言是有意义、有意思和有价值的（内在动机）？

另一种思考动机的"为什么"的方式是考虑目标是如何搭配在一起的。你追求某个目标的动机与你更高层的目标是相关的吗？比如，你上这门课与更高的目标有关——你想要成为一名出色的心理咨询师，而这又和你更为远大的目标——为他人的幸福作出贡献相关。我们会在第3周讨论这个问题。

还有一种思考"为什么"的角度，那就是，你对自己的能力有什么样的"自我理论"，比如，我们是相信才干和能力是可以通过努力被发展和提高的（叫作"掌控理论"或"成长理论"），还是认为才干与能力是与生俱来并且不可改变的（叫作"本质理论"或"固定理论"）？如果我们相信后者，我们可能会陷于努力向他人证明我们的能力，而不是努力获得和掌握新的能力。不幸的是，当不可避免的困难来临的时候，固定论者很容易变为无动机者，而成长论者则不会。我们会在第4周深入讨论这个问题。

"怎么做"是指我们在追求一个特定目标的时候，用到的具体工具、技术、步骤、计划或程序。显然，就算有积极的原因和积极的目标，如果没有适合的方法那也是徒劳的。"怎么做"的问题将会在第3周讨论，我们还将介绍多种有实证支持的计划以及实现目标和动机的技术。事实上，很多目标没有被实现，是因为人们没有合适的工具、适当的支持或者必要的反馈。

1.3 练习：用动机的 4 个问题来激发自己

想想当下你正在追求的一个大目标，回答与这个目标相关的 4 个关于动机的问题。

- 你将有多大的动机去采取行动、花费精力或其他资源去追求一个目标？确定你是否有动机。

- 你的动机是为了追求什么？你的目标以及你想要的结果是怎样的？

- 你为什么要追求这个目标？

- 你将怎样实现这个目标？

回顾：积极心理学和人本主义心理学

让我们从动机的专业术语中抽身出来，看看更大的图景。以上很多问题都是在积极心理学产生之前提出的。事实上，你们中的一些人可能看得出，我们所谈的一些概念，如自我实现、自我一致以及对"真实自我"的识别等，受到了早期人本主义心理学思想的影响。这并不是偶然的，积极心理学在很多方面是建立在前人对最佳潜能和幸福的研究基础之上的。积极心理学的一些智慧根基可以追溯到著名的人本主义代表学者亚伯拉罕·马斯洛（Abraham Maslow）、卡尔·罗杰斯（Carl Rogers）以及罗洛·梅（Rollo May）。尽管你可能没有意识到这一点，但有时这个争论点会牵扯出一场小的智慧地盘之争。一些当代的人本主义心理学家们认为现在的积极心理学家们浪费了很多时间做无用功，或者没有给其他在类似领域作出贡献的先驱应得的荣誉。为此，指出不同流派的区别远比回答哪些学者最先扛起旗帜更重要。

新兴的积极心理学运动和早期的人本主义心理学的主要区别在于，积极心理学信奉严格的心理科学，而人本主义不是这样（现在也依然不是）。尽管人本主义对心理学中的测量、实验中的人为控制以及知识的性质提出了合理的担忧，但积极心理学并没有因为这些担忧而畏缩。人本主义的全盛期已经过去好多年了，心理学的测量和统计分析已经取得了巨大的进展。积极心理学研究者们用最前沿的研究方法来推进和发展人本主义最好的理论，为它们提供科学的佐证，而任何一个理论想要让人信服，都必须要有这些科学的证明。

其中一个需要用科学证据来支持的理论与人的心理需要有关。你们很多人都知道，马斯洛的"需要层次理论"曾十分流行，它引发了很多普通人对心理学的兴趣，而且现在几乎每一本心理学的入门书都要讲到它。马斯洛提出，一旦我们满足了低层次的需要（如食物和安全），那么我们就会有更高层次的需要（如关系和自尊），而一旦这些需要也得到了满足，我们就会移向最高的层次——自我实现的需要（一个很少有人能到达的地方）。然而，对马斯洛需要层次理论的实证支持是很不可靠的。很多人会牺牲低层次的物质需要，追求高层次的需要；而有的人，所有低层次的需要都满足了，却没有继续寻求高层次需要的满足。马斯洛的需要层次理论对这些现象都无法作出解释。在第6周的课程里，我们将要进一步介绍当代最著名的关于心理需要的理论——可以说是一个可代替马斯洛理论的现代理论——自我决定理论，这一理论对此前所有有关需要的研究思想和理论进行了整合。自我决定理论认为，要想在心理层次获得最佳健康状态，某些基本的心理需要（不一定是对水和容身之处等物质的需要）对所有的人来说都是必要的，就像每个人都需要蛋白、脂肪、碳水化合物等食物组合一样。积极动机的共有特点是，它们来源于人的基本需要，并且帮助人们满足那些基本的需要，而这些基本需要在进化中建构出人类的精神。记住这些，可能会让你在任何新的情境中都拥有"繁荣的秘诀"，并且也能强化他人的繁茂。

> **第 1 周要点回顾**
>
> **1.** 在本周的内容里，通过比较你上这门课的动机以及过去上不喜欢的课的动机，我们对比了积极的动机和不那么积极的动机。
>
> **2.** 我们接着思考了动机理论中的 4 个基本问题：一个人是否有动机、动机指向什么目标、为什么会有这个动机以及一个人怎么样用动机达成目标。
>
> **3.** 最后，我们讨论了积极心理学和人本主义心理学在动机领域的关联，并指出积极心理学信奉而不是拒绝科学的方法论，用最好的科学技术来证明和拓展人本主义最好的思想。

你会从这门课中得到什么

　　这门课旨在让你更好地理解自己及他人的动机。在第 2 周，我们将会讨论自我决定理论以及这一理论在分析动机的"是什么"和"为什么"方面的强有力之处。在第 3 周，我们会讨论个体目标层次的性质，这会引导我们从不同的角度思考"为什么"以及"怎么做"的问题。在第 4 周，我们将通过讨论成就动机理论、趋向型动机和回避型动机、表现型动机和掌控型动机以及能力的固定型理论和成长型理论，再次讨论"为什么"的问题。在第 5 周，我们将转向激励他人的问题，换句话说，就是如何帮助别人来激励他们自己。最后，在第 6 周，我们会通过思考心理需要

积极的动机

的性质，把所有的内容整合在一起。

除了概念性知识，在这门课中，我希望你能获得**个人化**的知识，诸如如何设立和调整适合自己的个人目标，进而，我希望你能拥有达成这些目标的清晰的方法和途径。此外，我还希望你能拥有足够的技巧，能为他人获得更好的表现、学习和发展提供建议。最后，我希望你能更好地理解自己和他人的心理需要以及心理需要的满足在自己和他人的动机和福祉方面的重要作用。不过，我无法担保这些目标能达成，因为我自己还在学习如何在生活中运用这些思想，而且有时候进度真的很慢！但我可以肯定地对你说，你在完成这门课后能带走的东西，是配得上你在这门课上所花费的努力和时间的。

这门课将会有两个正式的作业，目的是让你有机会展示自己的所学。这两个作业都必须通过才能得到本门课的学分。第一个作业是，在第3周后，会有3个小论述题；第二个作业是，在课程的最后，会有一个600字的小论文。不过，无需有考试焦虑，你是聪明、有经验、有干劲的，你是能够在这些作业中表现良好的！

1.4 练习：前瞻

请就这门课思考并设定 2 个个人化的目标，并且思考一下你在这些目标上的动机，可以是一些简单的像"每周完成布置的阅读"之类的目标。此外，为你生活的其他领域（比如工作或家庭）也设定 2 个目标，其中一个目标要与你生活中存在问题的领域相关，你也要思考一下自己追求这些目标的动机。因此，在下次课上，你心中会有 4 个目标。

- 目标

参考文献

Ryan, R. M., & Deci, E. L. (2000). Self-determination theory and the facilitation of intrinsic motivation, social development, and well-being. *American Psychologist, 55*, 68-78.

Sheldon, K. M. (2005). *Optimal human being: An integrated multi-level perspective.* Mahwah, NJ: Erlbaum.

POSITIVE MOTIVATION

第 2 周

动机的"为什么"和"是什么"

主编导读

本周，谢尔顿教授为我们介绍了自我决定理论，以及这一理论在分析动机的"是什么"和"为什么"方面的强有力之处。

自我决定理论（Self-Determination Theory，SDT）是一种辩证取向的元理论，是一个庞大的系统，包含几种微理论，这几种微理论是：

1. 认知评价理论（CET）；

2. 有机整合理论（OIT）；

3. 因果取向理论（COT）；

4. 基本需求理论（BNT）；

5. 目标内容理论（GCT）；

6. 关系动机理论（RMT）。

本书作者没有直接提及上述这些微理论，我非常赞同，否则本书就包含太多的概念和术语了。为了方便有兴趣深入学习的读者，我在导读中会尽量将书中的内容与自我决定理论中的微理论联系起来。

自我决定理论中的基本需求理论（BNT）认为，人类有3个基本的心理需求，要想健康、成功与幸福，必须满足这3种基本心理需求，它们分别是：

- 自主（autonomy）：渴望成为自己生活的主宰，希望拥有完整的自我。

- 胜任（competence）：觉得自己有能力把事情做好，希望能取得良好的结果并体验掌控感。

- 联结 (relatedness)：愿意与他人互动、建立联系，获得归属感并给予他人关怀。

本周介绍了自我决定理论提出的4种重要的动机：内在动机、认同动机、内摄动机和外在动机。自我决定理论中的有机整合理论（OIT）解释了外在动机被调节和逐渐内化的过程。书中的图 2-1 是关于动机的"为什么"概念的一览图，请大家一定要理解并记住。

关于内在动机，作者强调，在不存在内在动机的地方要努力培养内在动机，而在存在内在动机的地方则要精心地保护内在动机，因为内在动机很脆弱，很容易被破坏。自我决定理论中的认知评价理论（CET）对此作出了解释：当外部奖励起控制作用时、当它迫使个人以某种方式行事时，外部奖励就会削弱内部动力，减少内在动机。

这一点希望能引起读者朋友们的注意，因为在日常生活中，我们经常会出于良好的愿望而扼杀了他人的内在动机。以家庭教育为例，很多父母经常通过给孩子奖励来鼓励孩子好好学习或者"听话"，这种做法不仅会降低孩子的内在动机，还可能会向他们灌输错误的价值观。

很多家长会为孩子取得好成绩而提供物质或金钱奖励。事实上，作为人类，能够探索世界和学习知识本身就是一种内在的回报，比如孩子蹒跚学步的时候，无论摔了多少跤都乐此不疲，因为他们从探索和成长中获得了乐趣和满足。但是，当孩子们在学习中获得了外在奖励时，学习就不再是一项有趣的自主性任务了。往往是，一旦父母开始了这种做法，就必须不断地付出，甚至加码付出，这样孩子才能保持良好的表现。如果没有外部激励因素的帮助，让孩子写作业或者努力学习就会变得越来越困难，一些孩子的态度甚至逐渐变成了是为家长学、为礼物和金钱学。

本周的另一个主题是讨论"是什么"动机。如果说"为什么"动机是寻找目标背后的原因，那么"是什么"关注的是动机所指向的目标的内容。最典型的两种目标分别是内在目标与外在目标。自我决定理论中与这一部分相关的微理论是目标内容理论（GCT），这一理论主要研究个人目标的内容以及背后的动机，并比较内在目标与外在目标：

- 内在目标：为了满足内在心理需求的目标，如理想和使命、积极的关系、家庭幸福和个人发展等。

- 外在目标：一些需要得到外界验证的东西，如财富、名望和地位等。

已经有很多研究将内在目标与更好的健康水平、表现与幸福联系起来，这也是为什么本书作者建议人们要构建内在目标，或将外在目标转化为内在目标。

动机的"是什么"和"为什么"密切相关，但它们不是同一个概念，而是两个相互独立的概念。

作者建议，我们最好的做法是以内在动机（至少是认同动机）来追求内在目标，而不是以外在动机（或内摄动机）来追求外在目标。对此，你同意吗？

第 2 周
动机的"为什么"和"是什么"

欢迎回来！上周，通过比较你上这门课以及上不喜欢的课的动机，我们对比了积极的动机和不那么积极的动机。接着，我们思考了动机理论中的 4 个基本问题：一个人**是否有**动机、一个人被激励着去成就**什么**、**为什么**一个人会有动机去寻求和实现目标以及一个人**如何**努力获得动机。最后，我们讨论了动机领域与积极心理学和人本主义理论的相关性，并指出，积极心理学信奉而非拒绝科学的方法论，并且正在运用最好的科学来证明和扩展一些最好的人本主义理论。在第 1 周的最后，我要求你们思考在今后的几周中你要追求的 4 个目标——2 个与本课程相关，2 个与你在课程之外的工作和生活相关。假如你还没有做这个练习，请你现在就做，然后我们再继续。

补课：如果你还没有完成上周的练习（1.4 练习），请回过头来，现在就做——在第 2 周以及接下来的学习中，你将需要参照这个练习。

本周，我将向你们介绍研究做得最深入、被最广泛接受的动机理论之一：自我决定理论。我希望你能阅读关于自我决定理论的文章，这些文章在上周课后的参考文献中已经列出来了。动机的自我决定理论是由心理学家爱德华·德西和理查德·瑞安提出的，其核心是关于动机的"是

积极的动机

什么"和"为什么"。这一理论为理解积极的（以及不那么积极的）动机提供了有力的思想。自我决定理论从20世纪70年代早期开始，一直活跃在心理学的学术研究领域，相较于大部分理论的"短命"而言，这是很不寻常的。事实上，运用和发展自我决定理论的研究者的数量每年都在增加。尽管自我决定理论与人本主义的动机理论有很多共同之处，但它完全是在高质量的实验、应用和纵向研究数据的基础上发展起来的，并且发表在最好的同行评议期刊上。这是一门你可以信赖的学问。

这也是一门你可以运用的学问。自我决定理论的内容与最佳动机密切相关。了解自我决定理论，会给你以及你所关心的人提供很多理解、认识和促进最佳动机的工具；了解自我决定理论，还将帮助你在与学生、同事或来访者一起工作时取得更大的成效。这一周，你会学到一些介绍这一重要理论的关键词汇和应用研究。具体地说，我们将要讨论4种类型的动机：内在动机（intrinsic motivation）、认同动机（identified motivation）、内摄动机（introjected motivation）以及外在动机（external motivation）。

内在动机的重要性

自我决定理论建立在内在动机理论之上。

内在动机：是指人们为了体验本身而去做这件事。内在动机到处都有，当人们在玩七巧板时、学习园艺时、投入某项有吸引力的工作时，我们都可以看到内在动机的影子。我们在还是婴儿的时候，就已经有内在动机了。从少年到老年，内在动机帮助我们了解这个世界，驱动认知发展。当我们受内在动机驱使时，我们会全身心地投入某事，突破我们当下能力的极限，经常进入"福流"状态。所谓"福流"，是指我们完全沉浸到某项最适宜的挑战中，例如学习一首新的钢琴曲、掌握一个新的计算机程序、努力在一场势均力敌的乒乓球赛上取得胜利等。内在动机在很大程度上让我们的生活变得更有价值！

自我决定理论的创始者德西也是最早发现内在动机的潜在脆弱性的学者之一。内在动机很容易被削弱和破坏。在关于内在动机的一系列早期实验中，学者们有一些不寻常的发现：当给被试提供钱，让他们去解决一些本身就很有趣的拼图游戏时，他们往往会失去原本玩这个游戏的自发愿望（这是通过单面镜观察到的）。这一点从"斯金纳箱"的行为主义视角是很难解释的。行为主义认为，人们的行为在经过强化后，会出现得更多而不是更少。内在动机被破坏的情况，用作家阿尔菲·科恩（Alfie Kohn）的话说，人们有时候会"被奖励惩罚"。事实上，不只是付钱会破坏内在动机，被强加的最后期限、强硬的上司、强制的目标、毫无根据的规则等，这些都会降低活动本身给人带来的愉悦感。

这些发现引出一个重要的问题：人们是否享受他们的日常活动，这一点是否重要？举例来说，我们的雇员工作是否开心，这件事值得我们

积极的动机

关注吗？学生们是否特别喜欢他们的数学作业，这重要吗？一个孩子学小提琴是出于兴趣而自己选择的，还是被他们的父母强迫着去学的，这有区别吗？对所有这些问题的答案都是：是的！数不清的研究已经证明了内在动机的多种好处：被激发了内在动机的被试可以学习和整合最新的信息，能够取得突破性的最佳成绩，在困难面前表现出最大程度的坚持不懈。内在动机与积极心理学自然地一脉相承。我们可以告诉管理者、教师和咨询师们，帮助他们的下属、学生或客户享受自己所做的事，同时也会让他们更高效和更有成果，还有什么比这更积极的呢？这些心理学的发现对教师如何教学、教练如何指导、父母如何养育、老板如何领导等，都有重大的启示。这说明在不存在内在动机的地方培植内在动机，在存在内在动机的地方继续保持内在动机是非常重要的。

如果你将上这门课的动机和你在中学或大学上不喜欢的课时的动机相比，你可能会发现前者有更强的内在动机，后者则不然。为什么会有不同？自我决定理论的研究发现，在上那些不喜欢的课时，你可能会感到是被控制、被强迫或者被贿赂去上课的，这降低了你的内在动机。借用平克·弗洛伊德（Pink Floyd）的经典专辑《迷墙》（*The Wall*）中的一句歌词："老师——我们不需要没有思想的控制！"这句话是不是将你学生时代上那些不喜欢的课的感受形容得恰到好处？也许是，也许不是，无论如何都请你思考一下。

2.1 反思：你此前的受教育经历

回想一下你在中小学或是大学里的经历，回忆一下你最喜欢和最不喜欢的课程。你去上这些课程的动机是什么？哪些事情影响了你的动机？把你的回答写在下面。

- 最喜欢的课

- 上课的动机

- 哪些事情影响了你的动机

- 最不喜欢的课

- 上课的动机

- 哪些事情影响了你的动机

积极的动机

认同动机的重要性

从未拥有何谈失去。也许你的内在动机并没有被不喜欢的课程破坏掉，因为你原本就不曾有过什么内在动机！也许没有什么能让你享受化学、文学或是体育，无论这些学科能够提供给你什么。尽管如此，也许你至少已经看到了这些学科的重要性，即使你仍然无法喜欢它。例如，你 15 岁时讨厌的健康课程，它可能整整一个学期都是那么枯燥无聊，但也许你也能看到学习一些有用的健康信息和养成一些有益的新习惯的机会。或许你确实能够意识到有些内容是有益的，并发现这种意识能激发你的积极性，尽管你并没有在内在层面发现这门课本身的乐趣。这个细微的差异代表了一种完全不同类型的动机。

上面这个例子阐释了 20 世纪 80 年代自我决定理论的一项重要发展——除了内在动机，动机还有其他的积极形式。毕竟，并不是所有的活动都是有趣的，例如，交税、给孩子换尿布，或是准备执照考试。但是我们仍然可以认同这些活动，心甘情愿地去做，而不是怀有抵触情绪。这就是除内在动机以外，动机的第二种积极形式——**认同动机**。一个人可能不喜欢某项活动，但至少他可以将其内化到自己的自我感觉中，看到它其中的价值（如果无法看到它的乐趣的话），愿意并带着个人意志感去做这件事。在商业界，人们可以相信那些有认同动机的员工会对工作坚持不懈，不管工作任务有多无聊、多令人沮丧；而从员工的角度来说，由于他们意识到了自己在做的事情的重要性，这些员工才更有可能自发地为工作场所作出贡献，主动承担起超出工作范围的任务。

不幸的是，如同内在动机一样，认同动机也可能被控制型的权威所破坏。例如，如果你所在组织的领导者是个混蛋，那么你有可能会拒绝参加活动，甚至不认同这个组织本身。在职场中，若你的顶头上司既令人厌烦又一意孤行，你可能会反感他所代表的整个公司。我们很多人都遇到过消极、固执己见的上司，与他们的互动很快就会损害我们的动机。对于有认同感的员工——他们可以看到工作的内在价值，即使他们并没有觉得工作的每一步都特别愉快——遇到这种上司会有特别大的危害。如果发生了类似情况，我们需要提醒那些有认同动机的员工，他们对公司的贡献有多么重要。

好的方面是，认同动机也会受到自主—支持型管理者的积极影响。员工提出要求的时候，这样的管理者能站在下属的视角（"我知道这是一项很枯燥的工作"），对员工的问题进行有意义的回答（"但它对于提高公司在这方面的竞争力至关重要"），并就完成任务的方法和时间提供尽可能多的选择（"你可以提前上班，提前下班，如果这能让你更好地工作的话"）。这种自主—支持型的上司通常相信员工能够完成工作，并愿意给他们鼓励、自由和灵活性，使他们能够以符合其个性的方式完成工作。当然，作为管理者，即使是再重视自主性和支持性的领导也必须让员工对最终的工作质量负责。这是一个执行主管和经理告诉下属"做什

积极的动机

么",而不是"怎么做"的例子。自主—支持型(而非控制型)的领导更倾向于鼓励员工对企业的忠诚,同时激励员工有最佳的表现。事实上,对于认同动机和自主—支持的重要性,再怎么强调也不为过。自我决定理论认为两者对社会本身的存续有着巨大的重要性,它保证了文化规范、价值和传统被完全传承和内化给下一代。讽刺的是,越是给人们提供反对某种特定动机的自由,人们越倾向于采纳它。

例如,一项研究表明,美国的第二代移民大学生已经相当"美国化"。然而,如果允许他们对这些传统进行自主选择的话,他们更倾向于也同时内化他们父母的文化传统,成为双文化的个体。相反,控制型父母强迫孩子接受自己原本的文化传统,结果常常会适得其反,反而使这些孩子对母国文化表现出很低的内化程度。我相信你可以想象到在企业、学校等机构中同样如此:保守的管理者不让年轻人自己去判断哪些传统是有价值的或者是需要被修正和发展的,而是强迫他们以传统的方式做事,结果往往不尽如人意。我们将会在第 5 周的课程中进一步讨论自主—支持和其他积极的动机技巧。

外在动机与内摄动机

除了前文中提到的动机的两种"积极"形式外,自我决定理论还区分了两种"不太积极的"动机形式——外在动机和内摄动机。在这两种动机中，人们的行为是由于感受到外在的强加性或必需性（外在动机）以及（或者）感受到内在的压力和自责（内摄动机）。

外在动机：外在动机是很容易理解的。它涉及的是你被迫做的、看不到价值的、并不感兴趣的活动。冗余的文书工作、工作中一些必须参与的培训、定期参加但从未解决任何事的会议——这些仅仅是由外在动机支撑的让人恼怒的活动的一小部分。

内摄动机：它与外在动机相似，只是在这种情况下，是你自己在要求、驱使自己，用负疚感来迫使自己行动。你可能会回想起那些你觉得既无趣又没有什么价值的事，但又感觉自己"理当"或"应该"去做。你可能会逼着自己完成这些事，就好像内心有一个主管、警官，或者你的母亲正在监督、审视着你一样。

这两种类型的动机都不是心甘情愿的，而是被某种自己并不完全拥有也不认可的力量控制着。相较于外在动机，内摄动机的问题并不那么严重，至少我们已经开始将这种动机内化到我们的自我意识中。事实上，内摄动机可以激发一些积极的行为，比如人们自发地分享、合作或作出必要的牺牲以避免内疚（见下面的例子）。但是根据自我决定理论，如果内摄动机能更进一步，转化为认同动机，那就更好了。如此一来，内部阻力和内疚的感觉就会消失，自我继而完全认同这一动机（即使它并不怎么令人愉快）。

积极的动机

让我们举个例子。琼安是一位行政人员，负责管理办公室庞大的电子邮件数据库。她不喜欢这份工作，通常会等到临近每月的最后期限才完成工作，只有到那个时候，她的不情愿才终于被她对拖延的内疚感所战胜。一个自主—支持型的经理可以帮助她把内摄动机转化为认同动机：认可琼安在完成这一困难且枯燥的工作时所付出的努力，让她知道数据库的所有重要用途以及这项工作对公司的最终成功起着怎样至关重要的作用。通过帮助琼安把她的工作与其自我价值感联系起来，管理者就可能让员工在沉闷的工作任务中更加准时、投入、高效。

图 2-1 总结了目前为止提到的所有关于动机"为什么"产生的概念。如图所示，动机处于一个连续体之中，从无动机（完全无法产生动机，如第 1 周所讨论的）到外在动机（一个人的行为是由环境引起的），到内摄动机（一个人的行为是由自我的内部冲突引起的），到认同动机（一个人的行为完全出于自我），再到内在动机（一个人的行为是因为活动本身的乐趣）。图中右边的动机比左边的更加内化、积极，更加有益于人们的成功和幸福。

在理想的情况下，随着时间的推移，人们能够内化所有的动机，这样人们就会觉得能够完全自主地决定自己要做的事情。事实上，一些文章表明，随着我们年龄的增长，这往往会自动发生——我们学会"拥有"我们所做的事，也学会如何避免或拒绝那些迫使我们做一些自己无法"拥有"的事情的情况或影响因素。同样的自然内化过程也发生在逐渐长大的孩子们身上。研究表明，青少年往往会因为一些更内化的原因

("我收拾自己的房间是因为我可以知道自己的东西在哪里")去做一些不太有趣的事情（收拾房间），年幼的孩子则会因为更外在的理由去做事（"我这么做，是因为如果我不做，妈妈会惩罚我"）。

图 2-1 还显示了 3 种"外在"动机。在这 3 种动机的影响下，一个人的行为并非发自内心对活动的喜欢，而是为了获得一些其他的结果。其次，它显示了"受控"与"自发"动机的区别，即行为是否是自我认可、赞成的。再次，它表明了并不是所有"外在"动机都是有问题的，因为被认同的"外在"动机是自发的和内化的，尽管（可能）是不愉快的。此外，这个图可以用来说明过去提出的许多不同类型的动机理论，包括斯金纳的强化理论、弗洛伊德的超我理论以及人本主义理论（在此就不赘述了）。最后，正如前文所提到的，许多人格和心理社会发展理论［如埃里克·埃里克森（Erik Erikson）的生命发展阶段理论］都强调了随着时间的推移，人们将拥有更大的自主权和自制力。因此，我认为图 2-1 非常值得研究和反思！

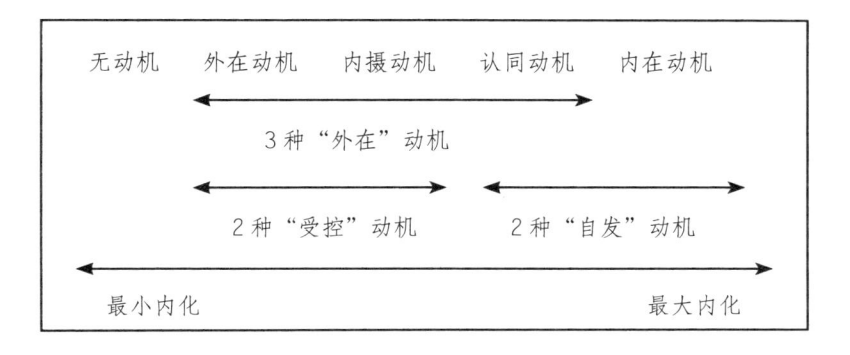

图 2-1　动机连续体

2.2 反思

请回想图 2-1，在生活中不同的时间和地点，如何让你的动机和目标更大或更小程度地内化？人生旅程中，你是否慢慢地内化了你所做的事情？将你的答案写下来。

- 你的答案

具体来说，图 2-1 说明了自我激励或激励他人的一个重要目标——努力提高位于图中右边的那些动机，避免灌输位于图中左边的动机。医学、运动、教育、组织和育儿等多个领域的很多研究都支持这个观点。他们研究的一般方法是：①分别对参与者的 5 种动机进行测量，确定他们处于连续体上的哪个位置；②结果表明更高程度的内化与多种积极的结果相关，包括个体层面上的坚持不懈、灵活性、创造力、更好的表现以及团队层面上人与人之间更好的团队精神与协作。

"是什么"动机——它为什么很重要

在我们谈论动机的"为什么"时，我们注重寻找目标后面的原因，而没有考虑目标本身是什么。我们可以称目标本身为动机的"是什么"——也就是我们追求的"×"（不管出于什么原因）。一些人追求爱，另一些人追求金钱；一些人想要一台新电视，另一些人想要读完案头的小说；一些人想开始慢跑，另一些人想戒烟；一些人追求成功，另一些人努力避免失败。19 世纪 90 年代的自我决定理论研究开始回答"是什么"的问题，它区分了两种不同类型的价值或目标："外在"和"内在"。我们在前面论述动机时已经用过这些术语，它们同样适用于"是什么"，即目标本身。外在目标是指那些出于某种"外在原因"而做的事，包括努力提升外表、提升地位、获取声望、赚取金钱、享受奢华等。相反，内在

积极的动机

目标是那些为了"内在价值"而做的事，包括努力加强亲密关系、超越自我、为团体或社会服务、实现个人的成长和发展等。

外在目标听上去显得"肤浅"，仿佛不值得你去谈论它，但是，我们需要面对它，每个人都难以抵挡奢华的诱惑、权利的牵引以及美好外表的吸引。当然，这些目标也有它们的作用，只是一个人不该将它们作为动机体系的主导，否则会有麻烦。实际上，心理学家蒂姆·凯瑟（Tim Kasser）和他的同事所做的研究表明，太过专注于外在目标（相对于内在目标），与幸福、快乐和适应性呈现负相关。正如俗话所说，"金钱买不到真爱""美丽只是肤浅的"以及"名声不像人们说得那么美好"。

研究还表明，仅仅是使用与内在和外在相关的词汇来建构任务，就会对人们的行为和情绪产生影响。例如，一位年轻而著名的比利时研究者马腾·万斯汀克斯（Maarten Vansteenkiste）和他的同事们做的3个实验表明，使用与内在相关的词汇建构关于循环利用、商务沟通风格或者健身活动的信息（"这将有助于环境、你的个人发展和你的健康"），与使用与外在相关的词汇（"这将帮你节省资金、获得高收入的工作、变得更好看"）相比，有着不同的效果（见表2-1）。与使用外在词汇建构活动并按要求进行特定活动的参与者相比，被随机分配到使用内在词汇建构活动组的参与者，有更强的学习和理解能力、更好的表现和成就以及更强的毅力与跟进能力。获得这种结果的部分原因是，内在建构能够为活动的进行激发更多的内在动机。

这一点显然可以用于激励来访者、学生和员工——只要我们想建议别人采取某种行动，那就要尽力用内在而非外在的方式去表述它。

例如，理查德，一名队长，或许他可以把团队目标设定为"一起成长"，而不是"提高最低水平"；而路易斯，一名运动教练，可以将滑冰选手的目标设定为"在全国联赛中赛出最佳水平"，而不是"在全国联赛中获得奖牌"。在第 4 周的课上，当我们讨论成就目标理论以及表现目标和掌控目标的差异时，这些观点还会出现。

表 2-1 外在建构与内在建构的例子

外 在	内 在
1. 好好工作以便给老板留下好印象。	1. 好好工作以承担更多责任。
2. 赚更多的钱以提升我的地位。	2. 赚更多的钱带孩子度假。
3. 增加在跑步机上的时间是为了变得更有魅力。	3. 增加在跑步机上的时间是为了变得更健康。
4. 环保是为了省钱。	4. 环保是为了保护地球。

2.3 练习：重新建构动机

参考上面外在建构和内在建构的例子，想3个你需要建构的目标，不管是为别人，还是为你自己。你如何将目标建构从指向外在转变为指向内在呢？在下面写下你最初的目标和重构后的目标。

- 外在目标（初始）

- 内在目标（重构）

有时，当人们听说关于外在价值和内在价值的研究结果时，他们想知道这些"是什么"的目标是否受到了"为什么"的影响，或许只要你有合适的理由，努力追求金钱、美貌和名声也无可厚非。事实上，情况并非如此。一项研究发现，"是什么"和"为什么"的变量对人的情绪和幸福有着相互独立的作用。这个研究指出，那些最幸福的人往往是出于自发（内化）原因去追求内在目标的人（如一个慈善家支持慈善事业，是因为她认为帮助别人是非常重要的）；而那些最不幸福的人是因为外控（非内化的）的原因去追求外在目标的人（如股票经纪人因为一些外控的原因，比如社会地位，而希望获得更多的财富）；处于中间的人，是那些因为外控的原因而追求内在目标的人（如一个慈善家支持慈善事业是为了在同行面前更体面）或者是出于自发原因而追求外在目标的人（如股票经纪人享受股市游戏的感觉）。所以，朝着内在动机的方向引导来访者和员工以及提高他们的动机在其自我感觉中的内化水平，是很重要的。这不仅对幸福有益，也对表现和成就有益。在下面的练习中，我会要求你用这节课的术语思考你在第1周设定的4个目标。

2.4 练习：在动机连续体上理解你的目标

请运用前面介绍的自我决定理论的概念，思考并写下你的4个目标。针对每个目标回答以下问题。

- 这些目标涉及的是外在还是内在的内容？追求它们是出于自发还是外控的原因？

- 这些目标在动机连续体的什么位置？

如果你的一些目标是外在的或是外控的，根据自我决定理论的研究，你会如何重新建构或重义它们，以达到更积极形式的动机？当然，你不需要为了做这个任务完全接受前文中的观点，以试一试。

2.5 思考

尽管研究指出，只有一些动机与生产力和幸福相关，但大多数人也体验过不那么有益的动机。请花几分钟考虑一下本周讨论的几种不同类型的动机以及如何将它们应用到你自己的生活中。

- 想一想你参加过的一项"不得不完成"但你并不特别喜欢的活动。它可能是一个工作项目，或者是一种社会义务，也可能是家里的一些责任事务。你认为哪一类动机最能准确地描述你对待这项任务的方式？为什么你认为你不那么喜欢这个任务？从提高动机的角度来看，你认为怎样能帮助你更加喜欢这一任务？你有没有从中学到什么，以便将其运用到你的客户（来访者）、团队或者学生身上？写下你的答案。

- 想一个你曾经追求某种外在目标的经历。可能是你想在他人面前更好看，或是你想要更多的钱买喜欢的家具。回想那个时刻并尝试回忆那个目标给你带来的感觉：它是如何激励你的？你最后做了什么？与你更为内在的目标相比，你对这个目标有什么感觉？写下你的答案。

积极的动机

第 2 周要点回顾

1. 在第 2 周，我们使用自我决定理论以及支持它的研究结果探讨了动机的"为什么"和"是什么"。自我决定理论是典型的积极动机理论，因为它强调了内在激励和人的自然成长进程。

2. 这个理论并不是盲目的积极，它也强调了在一个不总是支持自由选择和自我表达的现实世界中，内化一个人的行为的困难。

3. 根据自我决定理论的研究，最好的情况应该是：①追求与成长、亲密关系和社会性相关的"内在"目标多过追求类似金钱、名声和美貌等"外在"目标；②怀着内在动机或者至少是认同动机去追求目标，多于怀着外在动机或内摄动机去追求目标（你或许已经注意到，"内在"这个术语在讲述"是什么"和"为什么"的概念时都曾出现，这可能会令人费解；然而在这两部分，"内在"皆指对内部回报的追求）。

4. 当你帮他人确定目标和动机时，最好使用包含"内在"含义的术语来界定目标（"这对你的健康、发展、环境有帮助"），并且强调做这些事的内化原因［"这是有趣的和（或）重要的"］。

2.6 给专业人士的额外练习

参加这门课程学习的许多学员是心理咨询服务师、治疗师、教授、人力资源专业人士或管理咨询师，他们希望得到一些与人共事的实用知识。所以，我想要你做一个额外的练习，思考并写下如何将自我决定理论运用到你的工作中。你会如何改变与别人相处的方式，以提高他们的动机？提示：在第 5 周我们将会详细讨论这个话题，但是现在开始思考这个问题绝不算太早。请写下你的想法。

参考文献

Abad, N. S., & Sheldon, K. M. (2008). Parental autonomy support and ethnic culture identification among second-generation immigrants. *Journal of Family Psychology, 22*(4), 652-657.

Chandler, C. L., & Connell, J. P. (1987). Children's intrinsic, extrinsic, andinternalised motivation: A developmental study of children's reasons for liked and disliked behaviours. *British Journal of Developmental Psychology, 5,* 357-365.

Deci, E. L., & Ryan, R. M. (1985). *Intrinsic motivation and self-determination in human behavior.* New York: Plenum.

Deci, E. L., & Ryan, R. M. (2000). The "what" and "why" of goal pursuits: Human needs and the self-determination of behavior. *Psychological Inquiry, 11,* 227-268.

Kohn, A. (1993). *Punished by rewards: The trouble with gold stars, incentive plans, A's, praise, and other bribes.* Boston, MA, USA: Houghton Mifflin Co.

Kasser, T. (2002). *The high price of materialism.* Cambridge, MA: MIT Press.

Ryan, R. M., & Stiller, J. (1991). The social contexts of internalization: Parent and teacher influences on autonomy, motivation, and learning. *Advances in Motivation and Achievement, 7,* 115-149.

Sheldon, K. M., Ryan, R., Deci, E., & Kasser, T. (2004). The independent effects of goal contents and motives on well-being: It's both what you pursue and why you pursue it. *Personality and Social Psychology Bulletin, 30,* 475-486.

Sheldon, K. M., Turban, D., Brown, K., Barrick, M., & Judge, T. (2003). Applying self-determination theory to organizational research. *Research in Personnel and Human Resources Management, 22,* 357-393.

Vansteenkiste, M., Simons, J., Lens, W., Sheldon, K.M., & Deci, E. (2004). Motivating processing, performance, and persistence: The synergistic role of intrinsic goal content and autonomy-supportive context. *Journal of Personality and Social Psychology, 87,* 246-260.

POSITIVE MOTIVATION

第 3 周

动机的目标系统

主编导读

本周，作者系统性地为我们介绍了与动机相关的目标问题，也就是从目标体系的角度来看动机。具体讨论的内容包括目标层级、目标冲突、对成功的期望、趋向型目标、回避型目标以及自我协调的目标。

本周关于目标体系的内容与成功密切相关，相信对追求成就的读者是会很有帮助的。简言之，要想学业事业有成，我们需要搭建不同层级的目标，顶层目标是相对宏大、抽象和长期的，底层目标则是更细节、具体和短期的。当然，还可以有一系列的中层目标。不同层级的目标以及同层级的目标之间应该是互相支持、彼此不冲突的。此外，对成功有较高期望、更加追求趋向型目标的人，成功的可能性更大。

在这里，我特别强调一下自我协调的目标。我们都知道一些人，他们实现了目标，比如考上了名牌大学或有了光鲜的工作，但依然不快乐，感到迷茫甚至抑郁；还有一些人——比如一些商人或明星——已经名利双收，但却比成功前更不快乐，有些人甚至以酗酒、吸毒来填补内心的空虚。这是为什么呢？自我决定理论和目标理论中的自我协调性原则为这些问题提供了非常有价值的答案。

自我协调（self-concordance）也被翻译为"自我一致性""自我和谐"或"自洽"。自我协调的目标是指出于自己的兴趣、爱好和重视而追求的目标，是那些"贴近自我"的目标。追求自我协调性的目标会让一个人觉得"活得更像自己"、做了"真实的自己"。与此相反，非自我协调性的目标则是由于受到了外部的压力或者为避免产生负面感受而追求的目标，这种目标让人感到异化，仿佛在戴着一个面具生活，或者扮演一个不是自己的角色。为非自我协调性的目标而努力，比如学一个父母要求的、自己完全不喜欢的专业，会让人感觉活得特别累。

动机由外在、内摄、认同到内在的不同水平，是我们在追求目标时从"很少自主"到"完全自主"的过程，也可以视为离我们"真实的自己"由远及近的过程。

因此，人们在追求"贴近自己内心"的目标时，会更自觉地付出努力，从而也更容易成功。更重要的是，不仅实现目标会让我们快乐，为目标努力的过程本身就让我们感到充实和满足。为什么会这样？因为，追求自我协调的目标能够满足我们对自主、胜任和联结的基本心理需求。

- 当我们追求的目标与真实自我不够接近时，我们会缺乏动力，自我调节失败。我们可能会在一段时间内坚持外部奖励，但这绝不是真正的满足感的来源。

- 当我们追求的目标从一开始就不符合真实自我的时候，我们就不太会珍惜自己的胜利。实现目标不会让人感到有益和幸福，而是会觉得例行公事甚至虚假。

人生最幸福的莫过于每天做的都是自己热爱的事情、每天的自己都反映了自我真实的存在。然而，说起来容易做起来难。那么，如何才能追求自我协调的目标？如何才能做真实的自己？本书提供了很多具体可行的方法。除此之外，大家还可以参看本书系中的《积极的自我》一书，那本书介绍了很多做真实的自己的方法。

积极的动机

欢迎回来！上周，我们运用自我决定理论以及支持这个理论的有关研究解释了"为什么"产生动机以及动机"是什么"。自我决定理论是一个典型的积极动机理论，因为它强调的是内在动机和人类的自然成长过程。但是这个理论并不是盲目的积极，因为它也强调了在一个并不总会支持自由选择和自我表达的世界里要内化一个人的行为有多难。根据自我决定理论的研究，最优的情况是，人们更多地追求与成长、亲密关系和社会相关的"内在"目标，而不是追求诸如金钱、名声和美貌等"外在"目标；另外，尽可能以内在动机或至少是认同动机来追求目标，而不是以外在动机或内摄动机来追求目标。

目标系统的观点

这一周，我们将会基于认知的和控制论的原则，以一种非常不同的方式来理解动机的结构。这是一个行话，表达的意思是，我们的目标可能是被天性、被社会、被父母以及最终可能是被我们自己程序化设定的（找不到更好的词汇来表达了）。从某些角度来看，这个"目标体系"的运作非常机械化，它认为人类更多是像机器人一样为了实现目标而需要被编入复杂且适当的程序。估计很少有人会同意"我们人类就像受程序控制的机器人一样"这个说法，然而，当这种机械化的说法同人性化的自我决定理论相结合时，我们将看到一个强有力的配对结果。在这个组合中，问题变成了："自我能否学习自己编程控制自己，而非凭借外部力量？"

为了介绍目标体系的观点，让我们回到动机的"为什么"这个问题上来。自我决定理论提到，做一件事（比如学习法语、写一份报告或者做一桩买卖）最好是"因为它很有趣"或者"因为我对做这件事抱有信念"，而非"因为我不得不做"或者"因为我应当去做"（即出于内在的或自我认同的原因，而非出于外在的或内摄的原因）。但是如果你仔细想想，很多时候"为什么"有某种行为通常会比"我对这种行为的感受如何"更为复杂。通常一个目标与另一个目标相关联，这两个目标的关系可以用某些方式描述得更准确，比如"因为在开始做 Z 事以前我需要完成 X"或者"因为 X 使我能更接近 Z"，在这种情况下，X（较低级目标）为"如何实现"Z（较高级目标）提供了方法，而 Z 则说明了"为什么"做 X。

如果上面这种用代数方式来描述目标和动机的方法对于不擅长数学的人来讲有一点复杂或有一点难度，不用担心，我们将举一些例子，更加形象地为你解释这些概念。例如，你为什么要让你的孩子按时上学？这是我们中那些有孩子的人在日常生活中经常会遇到的一个典型的小目标，而这个问题的答案关系到更大、更抽象的目标。你不用费多少力气就可以在脑海中自行将这些高级和低级的目标联系起来。短期来看，上学要守时的理由是：我们准时送孩子上学，这样他们就不会被惩罚，不会错过那一天的课程，他们的日常社交也不会受到影响（比如错过了与朋友们一起闲逛的悠闲时光）。但是，显而易见，这个问题不只有上述答案。更加广义地来讲，我们希望我们的孩子能学会承担责任和守时，而且能够认识到认真履行承诺的重要性。从这种角度来想，准时上学就变得非常重要！事实上，准时上学只是现时的、短期的、具体的目标中的一个，这些目标构成了一个与更高目标（比如"想正确地培养孩子"或者"帮助孩子成为一个有责任感的人"）相关的系统。我们常常把这些更高的、更抽象的目标记在内心深处，而将更具体的短期目标作为前进道路上的里程碑。

目标系统要点 1：分层组织

正如前面的例子所述，行为是分层组织的。在理想的情况下，长期目标、准则和价值为实现短期的技能、过程和步骤制订了规划。同时，短期的过程为缩小现状和理想状态间的差距提供了方法。换言之，短期目标犹如垫脚石，帮助我们把令人畏惧的长期目标分解，并为我们提供一条清晰的前进之路。设想一项艰巨的任务，如写一本书。如果你坐在空白的第一页前，想到要写出一个 350 页的故事的巨大工作量，你或许会放弃，即便这对你来说是一个颇具意义的目标。实际上，你（和其他人）要做的是把一个大目标拆分成一些较小的目标。你可以考虑写一章，或者写一页，这些较小的目标看上去更容易实现，同时还能让你继续朝着长期目标前进。目标系统告诉我们如何把自己带向未来——首先设想未来，然后实际去创造出我们希望事情会变成的样子。此外，对于我们中的大多数人而言，我们一时的行为甚至也可以被置于整个系统中的某处。

> "首先设想未来，然后实际去创造出我们希望事情会变成的样子。"

3.1 活动：目标分层

试着从分层的角度想一下你的目标，有些会更宽泛、更重要，或者比其他的更优先。通常我们分出这种目标的方式是将目标区分为"短期目标"和"长期目标"。花一些时间列出你的一些个人目标。这次，你要从上到下排列它们，从最高的、最长远的、最抽象的目标，列到最局部的、最当前的和最具体的目标。

- 目标 1. 我在生活中或职业生涯中想要实现什么？

- 目标 2. 我计划怎样去达成这个目标？

- 目标 3. 我需要怎样做才能提高技能、增加资源、获得机会,将目标 2 的行动付诸实现?

- 目标 4. 为了达成目标 3,我每天或者在更短的周期里必须做到什么?

积极的动机

从"机器人"的观点出发，理想的行为体系应该具有一套清晰的特征。在这个体系里的每一个层次、每一个目标都应该配有更低层次的计划、技能和步骤，这样才能使人们不断地缩小现状（终极目标尚未完成）与理想的未来状态（终极目标已完成）之间的差距。回到之前我们举的关于作者的那个例子：写一页小说有助于完成这个章节，写完这一章就离完成全稿又近了一步，完成全稿便可以去发表。这种"差距缩小"理论的产生要追溯到第二次世界大战时导弹制导系统的发展——正是从那时起，机器第一次具备了自我修正的能力，通过比较实际弹道和目标弹道、监测误差，机器可以根据需要作出修正。当然，我并不是说我们的目标系统是模仿导弹制导系统来设计的。恰恰相反，制导系统是模仿了生物有机体保持自身内部平衡及其与周围环境互动的方式来设计的。令我惊讶的是，这些自我调控的基本原理这么晚才被发现，比发现微积分还要晚 300 年！

再回到人本身。由此看来，为了能有效地实现目标，一些自我调控的工具是必要的。也就是说，目标不是碰运气的产物，成功达到目标也不能靠不劳而获。相反，我们必须控制自己的思想、感受和行为，并且时常保持一种状态，有意识地实现成功。

- 第一，我们需要记住自己的目标；

- 第二，我们需要在头脑中将目标和现状进行比较；

- 第三，我们需要有效地采取行动，缩小二者之间的差距；

- 第四，我们需要注意，只有当察觉到差距已经不存在的时候（也就是我们已实现目标的时候），我们的努力才可以告一段落。

实现目标的 4 个步骤

1. 记住目标；
2. 评估现状，将它和我们想要实现的最终目标进行比较；
3. 采取可缩小理想和现实之间差距的行动；
4. 注意察觉实现目标的时刻，到那时我们就可以暂时放下工作，轻拍自己的肩膀来表扬一下自己！

上述任何一个步骤出现问题都会给整个系统带来麻烦。比如，以一个希望工作团队形成凝聚力的经理人为例。第一步往往都做得不错，我们可以假设经理人会牢记让团队有凝聚力这个目标。但是第二步该怎么办？怎样评估实现目标的过程？如果依赖经理人的直觉、人际关系和管理风格，并不确定那些会削弱员工工作效率、不利于增强凝聚力的人际矛盾能否被发现。即使经理人发现了差距，在第三步还可能面临问题：怎么处理上述矛盾，让团队回到正常的轨道，最终实现团队凝聚力的增强？最后一步，即使经理人成功处理了团队中的矛盾，他（她）也可能没有意识到最终目标已经达成，可以结束整改，让团队再一次开始正常运作。总之，应该牢记的激励要点是：**在这个简单的四步行动体系中，尽力发现可能的不利条件，以及计划与实际间的差异。**

目标系统要点 2：目标冲突

作为目标系统的第二个积极特征，各个目标应该彼此一致，而不是彼此冲突。例如，成为一个奥运选手和阅读所有世界文学名著的目标很难同时实现，这是一个时间冲突的问题；目标间也可能会出现物质冲突，"我想拥有自己的私人游艇和直升机"，但是"我正在为在一个工资不高的慈善单位工作的理想而奋斗"；甚至是逻辑矛盾，"成为一个和蔼可亲、易于合作的人"的目标也许会和"打败当地竞争者、大力发展自己的生意"的目标相冲突。长期的目标冲突与长期处于低水平压力状态有关，也与随时间发展越来越严重的健康问题有关，因此值得费些工夫找出并解决所有这样的冲突。费力追求相互矛盾的目标会让人感到泄气、自我矛盾或者精疲力尽。以卡西为例，他是伦敦郊外一个大型科技公司的新员工。卡西渴望在工作中表现良好，在职场上能够升职，但是他的孩子才刚刚出生。几周之后卡西就发现，他根本没有足够的时间同时兼顾工作和家庭。和许多人一样，卡西只能在办公室里花更多的时间，这也让他感到作为一个父亲的失职。在这个实例中，卡西有两个非常有价值的目标，但是目标之间却存在严重的时间冲突。需要记住的激励要点是：**尽量不要让一个人完成相互冲突的目标，之后也要时刻留心是否已存在冲突，目标冲突可能影响人的表现。**

总结一下：在一个"积极目标系统"中，一个目标应当受益于低一级目标的达成，同时有助于高一级目标的实现；人们应当能意识到什么时候需要为实现目标采取行动，然后高效地行动起来；同时，在这个系统中处于同一层次的各个目标间不能相互冲突，最好能相互辅助和支持。那么，我们怎么知道自己满足了上面这些条件呢？有一种方法是：完整地画出你的目标系统，然后检查不同目标之间是否存在有益或有害的关系。现在就试一下吧。

> "尽量不要让一个人完成相互冲突的目标。"

3.2 活动：分析你的个人目标系统

请用你在本节课学到的概念分析你的个人目标体系。一种方式是在这张答题纸的第一部分写下 3 个长期目标；在第二部分写下 3 个较短期（例如每月）的目标；在第三部分写下 3 个短期（例如每周）目标。每一个层次的目标间是如何相互冲突或相互促进的呢？高层次目标与低层次目标间的联系要达到怎样的程度，才能让周目标的达成逐渐促成月目标的达成、让月目标的达成逐渐促成更长期目标的达成呢？如果这样的联系不存在或者不清晰的话，你又如何增强目标体系中的"功能性联系"呢？

分析你的目标系统：

- 第一部分

- 第二部分

- 第三部分

目标系统要点 3：期望成功的重要性

从目标系统的角度来看，关于动机的一个非常重要的问题就是人们对成功的期望。对成功抱有很高期望（或者是很高的自我效能感）能提供很多优势。比如，当没有预料到的困难出现时，成功期望高的人不会立即灰心丧气而放弃努力，而会继续前行。为什么呢？因为他们期望最后能获得成功。有较高的期望也能增进社交的信心和信任，能说服他人，获得帮助与合作。那如果一个人的期望过于乐观、不切实际甚至自欺欺人怎么办？这很有可能发生，但从文献研究来看，"怎样的不切实际才算是过于不切实际"仍是一个悬而未决的问题。现有数据表明，总体而言，积极的幻想提供的好处比缺点更多，它经常能帮人们把幻想变成现实。因此，应记住的激励要点是：**经常展现出对下属胜任工作的信心，而且不要太快否定他们更大的雄心！**

除了具有信心，目标系统还认为人们应当具有非常详细的行动计划，详细到明确具体的时间和地点。高尔维策（Gollwitzer）等人的实验研究表明，"实施意向"（implementation intentions）非常重要。所谓实施意向，就是一个关于做什么、什么时候做的具体计划。当个体设定一个目标时，他还应该采取这样一种思维形式，即"遇到情况 x 时，我就会采取行为 y"。例如，针对目标"和我的老板谈加薪"，一个实施意向可能是"等他叫我到他的办公室讨论新项目时，我就要问问能不能加薪"；而针

积极的动机

对目标"多锻炼",一个实施意向可能是"周二和周四早上,如果我不用10点前到办公室,我就会去长跑"。列出实施意向的一个好处是,个体会自动将一种行为和一种特定的刺激捆绑在一起,当这个刺激出现时,无须经过有意识的思考即可导出你意图实施的行为。将你的目标行为与某种特定的情况联系在一起,当这种情况出现时你就更有可能作好准备,这种"情境启动"(situational priming)让你能腾出心理资源用于其他更有价值的活动、努力和目标追求。

> "实施意向让个体自动将行为和特定刺激捆绑在一起。"

3.3 活动：使用实施意向

请你花一些时间，思考如何用实施意向帮助你实现一个或者更多的个人目标。想一个目标，再想一下与这个目标有联系的情境。当一个或多个情境出现时，你会做什么来帮助你实现自己的目标？下面，请写下你的目标、情境和行为。

- 目标：

- 与目标相关的可能出现的情境：

- 当情境出现时，你会做什么来帮助你实现自己的目标？

实施意向的研究成果与追求目标过程中自动启动（automatic priming）的重要性的研究成果一致——甚至没有被意识到的微小的信息都可以促使人们采取和追求特定的行动和目标。例如，约翰·巴奇（John Bargh）和同事们的研究发现，在被试没有意识到的情况下，潜移默化地灌输"成就"这个概念能够促使他们在易位构词（anagram）任务中更加努力。因此，要记住的激励要点是：**尝试创造一种能自动启动与目标相关联的行为的环境**（就像足球教练在更衣室张贴海报，上面写着："成功建立在汗水之上"）。

目标系统要点 4：趋向型目标与回避型目标的不同

从目标系统的视角看，另一个重点是要分清楚趋向型动机和回避型动机。趋向型动机（approach motivation）是指朝着未来期望的结果努力，比如做成一笔交易或者获得一个新客户；而回避型动机（avoidance motivation）指的是避免出现不想要的结果，比如不想被解雇或者不想变得太胖。大部分的目标既可以被设计为趋向型动机形式，也可以被设计为回避型动机形式（例如，"通过考试"和"考试不要失败"；"赢得比赛"和"不要输掉比赛"）。研究表明，趋向型动机形式更可取——它可以促成更好的表现和成就，也可以带来更好的情绪和感觉。为什么呢？

第一，回避型目标含有对失败的暗示，可能自动导向失败（如上面的启动研究中讨论的）。如果我尽力避免失败，我就会不断地想到失败的可能。当我们提醒孩子："别把饮料洒出来"——然后他们就把饮料洒出来了——至少一部分原因是我们给孩子注入了这样的想法。

第二，实现趋向型目标仅仅需要从多种可用的路径中找到一条路径去尝试，相比之下，实现一个回避型目标则需要避免（或抵挡）所有可能导致失败的路径。后者通常更加困难。

第三，目标体系的建立是为了采取行动，而不是为了避免行动，这就使得追求回避型目标在逻辑上显得很奇怪。因此，要记住的激励要点是：只要有可能，尽量使用趋向型目标而不是回避型目标的思维方式。这一点甚至可以扩展到"减肥"这样的目标，在设计目标形式时，原有的回避型目标的部分（避免长胖）的更好的目标形式应该是"多运动"或"饮食健康"。

> **"尽量使用趋向型目标，而不是回避型目标的思维方式。"**

3.4 活动：将回避型目标重塑成趋向型目标

请花一些时间，想一想你或你的客户、学生、孩子有没有设定任何回避型目标？如果有的话，能不能将它们重新塑造成趋向型目标？

- 目标 1

- 目标 2

- 目标 1（重塑后）

- 目标 2（重塑后）

目标系统、自我决定理论与自我协调

再重申一遍，目标系统的视角认为人都像机器人一样，为了获得成功，需要有正确的编程程序、子程序以及到位的"如果……则……"代码。设想一个医学预科的大学生，即将带着完美的分数毕业，进入她选择的医学院就读。她遇到并战胜了各种挑战，她的目标系统运转平稳且有效，推动着她朝着自己选择的未来前进。

且慢，这是她的选择吗？她实现的可能是父母的梦想，如果停下来想一想，她可能更愿意成为一名历史学家或者舞蹈演员。这就提出了大部分目标系统研究者都没有考虑的一个问题：最原始的程序从哪里来？它们是锁定在基因中的吗？是从我们的父母那里遗传来的吗？还是从传统中承袭下来的？小时候读过的童话故事会影响它们吗？虽然目标可能有很多不同的来源，但是它们面临的重要问题是一致的：**系统中的目标对个体来说一定是合适的吗？** 也许不是，如果目标来源于一个强制性的或不敏感的社会环境，或者如果目标与个体的基本特质和性格相冲突，那这一目标对个体就不合适。例如，如果前文提到的医科学生晕血，或者不喜欢和病人待在一起，那么从医学院毕业后的人生，她还会表现得这么出色吗？

这就引导我们考虑"自我协调"的问题。在我的研究中，我会要求人们首先列出他们正在追求的总体个人目标。答题纸是空白的，可供随意书写。问题是，人们清楚他们想要什么吗？如果清楚，他们能否将这些期望转化为体系中的目标呢？我们的判断方法是——通过提问"你为什么要追求你列出的这些目标？"使用前面课程讲过的自我决定理论中的外在动机、内摄动机、认同动机以及内在动机等概念得出答案。当人们在追求他们的个人目标时感觉到是自发的（而不是被控制的），就会认为这种目标实现了"自我协调"，也就是说，这种目标符合并且能很好地体现个人更深层次的兴趣、价值以及性格；相反，非自我协调的目标则是人们不喜欢的、不相信的，或者是因为外部压力或内部压力所迫才追求的目标，这样的目标可能与他们深层的人格特质并不匹配。以之前那个医学预科生为例——"成为一名医生"也许最终会成为一个非自我协调的目标，是在外部压力下产生的目标；而"成为一名历史学家"可能是一个更加自我协调的目标，与其天生的好奇心和天赋匹配。因此，尽管有一个构造良好的目标系统，但当目标与自我并非协调一致时，这一切对学生来说并不是好事——这是一个错误的目标系统，最终，她可能会付出代价！这也说明了为什么我们同时需要人本主义和机械论（mechanistic）的视角才能更好地理解积极动机。

自我协调概念的研究

在我的实验室里，我们进行了大量关于自我协调概念的纵向研究，想看看自我协调是怎样影响人们的健康和功能的。可能正如你所料，当人们感到自我协调时，事情会完成得更好，随着时间的推移，人们能够更好地实现自我协调的目标，因为他们更加努力且坚持更久；而对于非自我协调的目标，尽管在开始的时候人们可能会非常努力，但随着时间的推移，这样的意志会慢慢消退，因为这些目标与个人更深层次的性格和资源并无关联，也并不是从中产生的。

新年目标就是一个很好的例子——当我们选择的是不切实际的目标，或是迫于外部压力和担忧而设定的目标，而不是我们真正认同和相信的目标时，我们经常兑现不了这样的新年目标。自我协调目标一旦得到实现，更能让我们体验到满足感。这类目标反映了我们到底是什么样的人或者会成为什么样的人，目标一旦被实现，就能带给我们更大的快乐和幸福感。相比之下，我们的研究发现，实现非自我协调目标通常无法给人们带来什么满足感，或者不能带来持久的满足感。也许人们（如那个医学预科生）本就不该为此感到困扰！正如前文提到的，我们的研究还表明，随着年龄的增长，人们会更趋向于自我协调——他们不再为取悦他人而烦恼，而是逐渐学会去做对他们来说有意义和重要的事情。

3.5 反思：非自我协调的目标

作为一个反思性的练习，想一想你过去追求的一些非自我协调的个人目标，即那些可能来自他人，也许并不能真正反映你的兴趣和价值，或者与你的深层人格特质完全相反的个人目标。记住这些目标，回答下面的问题。

- 这些"错误"的目标是怎么进入你的目标系统的？是外部压力让你把它们"放进来"的，还是你自愿把它们"放进来"的？

- 你在这些目标上的表现如何？你的动机是什么？最终的结果又是怎样的？

- 如果你能够修改或避免这些目标，你会怎么做？

虽然不是练习的一部分，但你可能还会反思，此刻的你还有哪些非自我协调目标？你为什么将它们作为目标？对于这些目标你能做些什么？有没有什么方法能让你把这些目标变得更加自我协调？

回顾：自我管理的两个定义

事实上，这周的课程强调了"自我管理"（self-regulation）这个术语的两种不同含义。在心理学中，自我管理的传统含义是指人基本能够控制自己：为了目标能够尽快达成，个体能够延迟享乐、制订计划并缩小现实与长期目标之间的差距等。自我管理就是练习自律和自控，而自我决定理论的自我管理的含义略有不同。这里的自我管理指的是个体的行为来源于他（她）主观的自我意识，并与之保持一致。在这里，是"自我"在主导目标系统，而不是"目标系统"在管理自我。

上周的课程提到过，这种关于"自我"的定义让一些心理学家感到不适，因为这似乎在暗示人的头脑中有一个"精神袖珍人"，有点类似"机械中的魂灵"——这可能会带来很多麻烦的哲学问题，很多关于个体自我身份的性质和自由意志存在的大问题。然而，我们不需要判断精神自我是否真的存在，或自由意志是否真的存在。重要的是，人们"觉得"这些是真的，并且将此作为相对自主、自身拥有的能动性，而这种能动性在很大程度上书写了自己的命运。

积极的动机

换句话说，即使自我是虚构的，它仍然非常实用！积极心理学的动机需要承认这个事实，而且积极的激励因子需要确保：

（1）个人选择的目标和他们深层的需求、兴趣、价值和个性相匹配。

（2）当目标和动机与个人不是很协调和匹配的时候，有自主选择的感觉和对可能性的掌控感，这有助于将非自我协调目标内化。但谁知道呢？通过尝试那些一开始不够协调的目标，我们可能会发展我们的兴趣、改变我们的性格，这些目标最终甚至可能变成与自我相协调的目标！

最后一点强调了个人经验的重要性：我们变得越来越成熟，在某种程度上是因为试错的过程使我们更好地了解自己和自己的偏好。对管理人员、教师和其他专业人士来说，记住非自我协调目标的存在很普遍，这一点十分有用。相比在心里或口头谴责他人缺乏动力，不如促使大家朝着合适的目标努力，使这些目标更加适合个体，这样可能会更有帮助。这种做法和重塑雇员、学生或客户富有意义的目标一样容易。本周应当记住的关于动机的最后一个激励要点是：**只要有可能，就要尽力朝着自我协调的目标努力奋斗，如果你的目标是非自我协调的，那就要关注你可以做什么或者怎么做才能重塑这些目标，使它们变得更自我协调。**

第 3 周要点回顾

1. 在本周的课堂上，我们从目标体系的视角来看待动机。从这一角度，"积极动机"意味着成为一个高性能的自动化机器人，它配备了一个建构良好、计划合理、充满技巧、能准确觉察到理想和现实间的差距、植入子程序且目标之间没有冲突的目标系统。在上述条件下，个体可以利用这个系统迅速取得进步。

2. 目标体系的思考方式。高层次的目标为低层次目标说明了"为什么"这么做，而低层次目标为高层次目标提供了"怎么做"的方法。本周课程展示了这些目标，为我们详细解释了动机"为什么"产生以及"怎么做"才能实现。这个体系还可以更进一步用认知性的概念来阐释"怎么做"的机制，例如计划、缩小差距、实施意图以及"启动"。

3. 但我们也看到，目标系统理论不能解释如何让更高层次的目标一开始就进入目标系统，以及它们是否应该在特定的系统中。回想那个医学预科生更适合做历史学家的例子——可能她想做医生的目标来自管教严厉的父母，而这个目标对她而言并不十分"自我协调"。

4. 实际上这些内容显示出，选择那些能体现一个人真正的价值、兴趣和性情的目标，而不是选择别人坚持主张的目标是非常重要的。当能够自由选择时，"自我"掌控了目标系统，而不是被目标系统所掌控。

参考文献

Bandura, A. (1997). *Self-efficacy: The exercise of control.* New York, NY: Freeman and co.

Bargh, J. A., Gollwitzer, P. M., Lee-Chai, A., Barndollar, K., & Troetschel, R.(2001).The automated will: Nonconscious activation and pursuit of behavioural goals. *Journal of Personality and Social Psychology, 81*, 1014-1027.

Carver, C., & Scheier, M. (1998). *On the self-regulation of behavior.* Cambidge, UK: Cambridge University Press.

Emmons, R. A., & King, L. (1988). Conflict among personal strivings: Immediate and long-term implications for psychological and physical well-being. *Journal of Personality and Social Psychology, 54,*1040-1048.

Elliot, A. J., Maier, M. A., Moller, A. C., Friedman, R., & Meinhardt, J. (2007).Color and psychological functioning: The effect of red on performance attainment. *Journal of Experimental Psychology: General, 136,* 154-168.

Elliot, A.J., & Sheldon, K.M. (1998). Avoidance personal goals and the personality-illness relationship. *Journal of Personality and Social Psychology, 75,* 1282-1299.

Gollwitzer, P. M. (1999). Implementation intentions: Strong effects of simpleplans. *American Psychologist,* 54,493-503.

Sheldon, K. M. (2002). The self-concordance model of healthy goal-striving: When personal goals correctly represent the person. In E.L. Deci & R.M. Ryan(Eds.), *Handbook of self-determination research* (pp. 65-86). Rochester,

NY: University of Rochester Press.

Sheldon, K. M., & Elliot, A.J. (1999). Goal striving, need-satisfaction, and longitudinal well-being: The Self-Concordance Model. *Journal of Personality and Social Psychology, 76*, 482-497.

Taylor, S. E., Kemeny, M. E., Reed, G. M., Bower, J. E., & Gruenewald, T. L. (2000). Psychological resources, positive illusions, and health. *American Psychologist, 55*, 99-109.

中期评估

恭喜！至此，你已经完成了一半的课程。出于提供多种学习渠道的想法，我想提供一个机会，让你展示一下迄今为止所学的内容。请用 200~300 字回答下面 3 个问题。

- 在说明积极动机的性质方面，自我决定理论与目标系统的观点有何不同？这两种理论又是如何共同构成了一个完整视角的呢？

- 请指出和评价用于强化"怎么做"的方法（3 种不同的概念）。人们怎样才能更好地实现目标呢？

- 请说说你可以使用"目标启动效应"积极激励他人的几种方式。你也可能想要关注安德鲁·艾略特（Andrew Elliot）所做的研究，他发现用"红色"做激励物的效果可能更糟糕！

POSITIVE MOTIVATION

第 4 周

归因及成就目标理论

主编导读

我们都知道，目标在我们的人生中非常重要，无论是否意识到，我们都有很多的目标。那么，为什么许多人在追求目标的道路上会失去动力？为什么有时目标会把我们带到不想去的地方？

这是因为，并非所有的目标都会带来积极的结果。目标分为不同的类型，我们对目标的不同理解会导致我们有不同的选择、采取不同的行动，从而产生不同的结果。如果你希望更好地达成自己的目标，觉得需要系统地学习一下目标理论，那本周内容就是一个很好的指南。

在本周，作者再次讨论了动机的"为什么"。具体而言，本周介绍了归因理论、能力的固定型和成长型理论，以及与之相关的表现型目标（动机）与掌控型目标（动机），还进一步讨论了追求成功（趋向型）和避免失败（回避型）的动机。最后，作者将"表现—掌控"以及"趋向—回避"这两个维度相结合，形成了成就目标的4种类型。

我们常听人说，自己与某人"三观不合"。读了本周的内容，你可能会发现，很多所谓的"三观不合"，实际上就是目标和动机的不一致。以家庭为例，你要发展事业、要扩张市场，你的配偶却一直在担心不要出错、不要亏钱，于是你们发生了争执，他说你异想天开，你说他保守胆小；孩子再过半年就要升学了，你希望孩子考出好成绩，他却兴致勃勃地研究怎么编程或者写小说，你批评孩子，说他"整天干些没用的事"，让他不要在这些与考试无关的事情上花时间，孩子却说你不理解他，认为你没有见识，关上门不愿意跟你说话；你希望孩子做事踏实努力，但是公婆却经常夸孙子聪明，总说自己家的孩子是最棒的，于是你跟公婆在育儿理念上产生了分歧。你能说说这3种情况，都是哪些目标和动机的不一致吗？

在本周的课程里，作者将各种目标以及不同目标间的差异解释得非常清楚，我就不再赘述了。只是想借此说明一下，在将自我协调性目标、归因理论与自我决定理论相结合的研究领域中，本书作者谢尔顿教授是全世界当之无愧的权威，如果你搜索这方面的文献，会看到全球各地的学者和应用人员都在引用他的研究。

本周最后，作者总结了一些普遍适用的有关目标和动机的关键性原则，无论你是在工作、家庭、人际关系还是自我发展中，这些原则都能为你追求和实现目标提供指导。

积极的动机

欢迎回来！在上周，我们从目标体系的视角来看动机。通过这种方式，"积极动机"意味着成为高功能的自动化机器人，配备结构良好的目标系统，这个系统包含有序的计划、技巧、有细节的子程序，能觉察现实与理想间的差距且目标之间没有冲突。一个人可以通过目标系统获得快速进步。有关目标系统的思考指出：高层次目标为低层次目标提供"为什么"，低层次目标通过落地"怎样做"实现高层次的目标；目标系统更进一步指出"怎么做"是如何用认知概念来进行阐释的，例如计划、缩小差距、实施意图以及"启动"。但我们也看到，目标系统理论不能解释如何让更高的目标优先进入目标系统，以及它们是否应该在特定的系统中。回想医学预科生更适合做历史学家的例子——可能她做医生这一目标的实现是因为父母，这个目标对她而言并不是真的"自我协调"。实际上，选择一个与个体的价值、兴趣和个性相一致的目标是非常重要的，相比于他人主张的目标，这种情况是自我掌控目标系统，而不是被目标系统掌控。

这一周我们将从归因理论和成就动机理论来讨论目标和动机在某些方面的不同。这些理论提供了看待"为什么"这一动机问题的第三种方式：为什么我会追求这个特定的目标？这就超越了我们早些时候谈到的自我决定理论和目标系统。我想请你做一个这样的练习（可能听起来不那么让人愉悦）：回想你人生中的重大失败，可能是一场没有通过的测验或考试，可能是运动赛事的失利，或者是一场尴尬的演讲。只要你认为这对你来说是失败的，那就不妨说出来。另外，请回想你人生中同样重要的重大成功。请带上这两个例子继续阅读！

"选择一个与个体的价值、兴趣和个性相一致的目标是非常重要的。"

4.1 练习：成功与失败

提示：如果不介意的话，请写下你的失败和成功，在我们接下来的进一步讨论中，它们可以作为参考。

- 我的失败

- 我的成功

归因理论：我们如何解释过去对将来的影响

人类天生喜欢解释事件，尤其是对不同寻常的成功或失败。这样的做法可以在将来发生类似事件时，让个体有更好的控制感。归因理论对我们使用的各种类型的解释进行了归类。例如，你会不会把上文提及的失败归因于你内在的特质（如缺乏努力或准备）？或者归因于一些你无法控制的外部情况（如欠缺团队协作或有缺陷的设备）？或是因为某些不稳定、短期的因素（如恶劣天气），又或是某些稳定、可持续的因素（如"猪队友"）？结合这些概念，我们归纳出 4 种基本的归因类型：

- **内部稳定型**（例如，把结果归因于我们的能力）；

- **内部不稳定型**（例如，把结果归因于我们的努力程度或暂时的疾病）；

- **外部稳定型**（例如，把结果归因于社会的环境）；

- **外部不稳定型**（例如，把结果归因于运气或机遇）。

对于"为什么"的问题，这是人们对事情的发生原因做出的 4 种基本解释（见表 4-1）。

这就是我们研究归因问题的原因：**解释过去事件会影响我们的动机和对未来的期望**。假设你认为你的失败是源于一个稳定的内部因素（我是愚蠢的、我不协调、我很无聊），这是错误的归因，真的会让个体受到伤害；而且它具有稳定性，你很难做什么去改变它。想象一下，这种归因可能对你未来的动机产生怎样毁灭性的影响！

与此相反，假设你认为你的失败是由于一个不稳定的外部因素（考试中出现了没想到的题目、潮湿的草地让你滑倒、观众经过一天的漫长等待已经疲惫了），如此，失败真的与你没任何关系，它是个意外，下次会更好的，情况没那么坏。于是，你可以重新振作起来！

所以在解释失败事件上，**外部—不稳定归因**似乎比内部—稳定归因更加有利于激励和调节情绪；相反，在解释成功事件上，**内部—稳定归因**（我聪明！协调！有趣！）比外部—不稳定归因（我只是幸运！我的对手失败了！因为在我前面的那个人讲得很糟糕，相比之下，我才看起来好！）更好。用内部—稳定归因解释成功，能使我们对成功感觉良好，并对进一步参与活动和获得成功有高期望。

表 4-1　4 种归因

稳定—不稳定	内部—外部	
	内　部	外　部
稳定	不会改变的能力，如性格	不会改变的情境，如环境
不稳定	可以改变的努力，如心态	可以改变的情境，如运气

有些人可能会对此持怀疑态度。你也许会问："那么，我们要做的就是在失败后找一些推卸责任的借口，而在成功后就居功自傲吗？"你的

问题是有道理的。也许这两种模式都反映了"自利偏见",让我们自我感觉良好(至少不太坏),却隐藏了导致结果的真正原因。当我们遭遇失败的时候,可能确实是我们自身的部分原因造成的,我们需要面对并尝试作出改变;当我们取得成功时,可能真的是因为运气,知道这点,下一次我们就不会过分依赖运气。换句话说,在做自利归因时,我们要确保不脱离实际。我们上周说过,"积极幻想"是有益的,有时能成为实现目标的预言。那么,又如何判断幻想是否过于虚幻呢?积极过度是否会变成消极呢?这是一些很难回答的问题。

> "在做自利归因时,我们要确保不脱离实际。"

4.2 活动：你的归因

请花时间回想你的成功和失败的经历，当时的你是怎么解释的？是否有自利的成分？你的解释"客观上准确吗"？如果你曾用一种准确但消极的方式归因失败，这真的会对你有帮助吗？或者可以换一种更积极的解释？如果你曾用一种积极但不准确的方式解释成功，它会长时间地帮助你吗？为什么会，或者为什么不会？请写下你对这些重要问题的回答。

自我与能力的固定论与成长论

个人归因风格从何而来？它们能反映我们对自我和世界更深层次的信念吗？为了回答这些问题，让我们看看卡罗尔·德韦克（Carol Dweck）举世闻名的研究。德韦克的研究表明，人们的归因风格最终来源于人们持有的关于能力和自我的基本理论。也就是说，个体就像科学家一样持有关于自身和这个世界的一些"基本理论"。"固定型"理论的支持者认为，能力是稳定的，你要么有，要么没有。固定论者希望自己拥有某种能力，并试图向自己和他人证明他们拥有这种能力。比如一个固定论取向的销售人员也许会认为，说服他人的能力是与生俱来的——有些人有，有些人没有。这点很重要，因为在某种程度上，我们都会做出这种性格类型不变的判断（比如，他总是打断别人，因为他是一个不敏感的人）；同时，我们应该留意一下其他的可能性（比如，他打断别人是因为对谈话的参与度非常高；他打断别人是因为他来自一个有不同沟通风格的家庭；他实际上也并不是总打断别人）。以下是对具有这种固定型心态的经理和主管们有益的看法：除个人特性之外，还会有其他的情形和因素以微妙的方式在起作用。

相比之下，相信"成长型"理论的人认为能力是可以改变的，你可以通过努力一点点发展它。成长论者希望发展自己的能力，并不很热衷向自己和他人证明自己的能力。比如，一个成长论取向的销售人员也许认为销售能力是可以被磨砺和提高的。

积极的动机

事实证明，当事情进展顺利时，这两种类型的人都表现得很好。然而，当阻碍出现或者计划出现偏差时，持固定论的人会出现各种问题。他们认为，如果他们有困难，这表明他们可能缺乏能力（毕竟，能力强的人应该不用那么努力，对吗？）。这是很可怕的，因为他们还认为自己的能力是无法提高的。此外，他们还认为假如其他人看见他们在努力，会认为他们很愚蠢（或不协调、令人厌烦）——这也很可怕！在这种情况下，固定论者可能会放弃努力，因为他们对成功的期望很低。

很糟糕的是，他们可能会进一步通过"自我妨碍"找到失败的借口——例如，"因为没有准备好，所以我搞砸了演讲"或者"我前天晚上整夜没睡，所以搞砸了演讲"。显然，任务前的不学习、不睡觉只是维护自尊的借口，是一种不合适的方法。当失败发生时，两种类型的人会采用不同的归因：固定论者趋向于做内部稳定的归因，这会让人无助；相反，成长论者趋向于做内部不稳定的归因（"我现在还没有这个能力"或"我需要更加努力"），这样可以给未来带来积极改变的可能。所以，固定论者在面对困难时更倾向于采用"撤回努力"的策略，而成长论者则倾向于使用"增加努力"策略。你自己可以判断哪种才是更为积极的激励风格！

或许你应该停下来问问自己："我是固定论者还是成长论者？我是否曾自我妨碍，或者为了减轻失败的痛苦而提前放弃努力？"下面的量表帮助你了解自己是相信固定论还是成长论。哪组更好地描述了你的潜在看法？

4.3 活动：你是固定论者还是成长论者

固定论

"你的智商有限，你真的改变不了什么。"

"你的智商就是这个水平。"

成长论

"我们可以通过长时间的努力发展我们的才智。"

"人们可以在生活中学习如何变得更聪慧。"

- 想一想，你更支持哪一种描述？写下你的答案，并说说你这么认为的原因，举一个例子来说明。

最后一点：根据德韦克的研究，固定论和成长论不仅适用于成就领域，它们还可以用来描述其他人格特征，例如一个人的可爱度、一个人的健康，甚至一个人的道德。所以，4.3 活动的 4 个句子中的"智商""才智""聪慧"也可以改为"可爱度""健康"或"道德"。不过，德韦克强调，将固定论和成长论运用到非成就领域时，人们所持的观点在不同的领域可能存在差异：一个人可能在这个领域是固定论者，在另一个领域又是成长论者。

"固定论和成长论还可以用来描述其他人格特征。"

4.4 练习：你的固定论取向与成长论取向

你能否想到：在生活的两个领域中，其中一个领域的你是固定论取向的，另一个领域的你是成长论取向的？写下你的答案并分别描述这两个领域。

表现目标和掌控目标

我们一起看看有关成就目标的一些其他概念，它们曾被教育心理学奉为典范。很多研究者对"表现目标"（performance goal）和"掌控（或学习）目标"（mastery or learning goal）进行了区分。当我们按表现目标做事时，我们会对比其他人，或者对照一些外在的标准（或成功的准则），努力赢得竞争或达到标准；而当我们按掌控目标做事时，我们会对照自己过去的表现，或者对照内在的成功标准，努力学习和改进。

大量的研究表明，掌控型目标在现实中能更好地促进深入的概念学习和知识整合。客观地说，掌控目标不一定会改进行为（如得到更好的分数），因为以掌控目标为导向的人更关注学习自己感兴趣的内容，而不是为了达到标准。尽管如此，这些新学习的内容通常都会在将来显现成果。尽管表现目标也会促进专注和坚持行为，但它可能会带来更多的焦虑，妨碍个体享受其中的过程，因为是否表现出色，这关乎自我。请花一分钟回想：表现型目标和掌控型目标哪一个更好地描述了你获得成功的方式？

4.5 活动：表现目标与掌控目标

- 如果掌控目标可以鼓励参与，表现目标可以提高生产力，你会如何与你的客户、团队、学生协同工作，让两方面成就都达到最佳？

- 如果掌控目标有长远的效果，表现目标可以起到短期的效果，你要如何在时间轴上平衡两者以取得成功？

追求成功和避免失败：成就目标的 4 个基本类型

表现型目标都"不好"吗？在过去几十年里，我以前的同事安德鲁·艾略特推进了对成就目标的研究，他引入了趋向—回避这一维度。正如上周我讲到的，趋向型动机意味着向满意的未来前进，而回避型动机则意味着努力保持满意的现状，或避免不满意的状况发生。用趋向的方式建构目标（"赢取比赛"）一般比用回避的方式建构目标（"不要输掉比赛"）更受欢迎。

艾略特的贡献在于，他为人们展示了表现型目标不一定都是件坏事，这取决于个体是有趋向型动机还是回避型动机。根据他的"2×2 成就目标理论"（见表 4-2），有 4 种基本类型的成就动机：

- 表现型—趋向型动机；
- 掌控型—趋向型动机；
- 表现型—回避型动机；
- 掌控型—回避型动机。

这些可能是构成成就行为的 4 个"为什么"，即在成就情境下，隐藏在一个人头脑中的不同目标。比如，在商业中，表现型—趋向型目标成功指向的人会追求完成业务目标或关键绩效指标（KPI）；表现型—回避型目标使人们努力不要在别人面前出丑；掌握型—趋向型目标使人们乐于参加技能提升研习班，提升原有的绩效；掌控型—回避型目标让人们倾向于保持他们现有的技能，这种情况常见于年长的员工，他们依靠保持技能水平弥补认知能力的下降。

表 4-2　2×2 成就目标体系

表现型—掌控型	趋向型—回避型	
	趋向型	回避型
表现型	我们尝试赢取比赛	不要输掉比赛
掌控型	我们尝试提高技能	不要丢了技术

艾略特的研究表明，表现型目标确实会产生更好的表现，只有当出现对失败的恐惧时（表现型—回避型目标）才会引发困难的情况。这的确有道理，实际上也是可信的——如果我们将与他人竞争或努力达到最佳表现定义为"不好的"，这反而很奇怪！毕竟，这些是生活中不可或缺的部分。艾略特的结论意味着，在理想的情况下，生命中很多的提升历练都需要我们同时拥有这两种目标。

关于这些问题的争论仍在继续。表现型目标本身可能没有问题，但当不可避免的失败和挫折发生时，它是否容易转变成表现型—回避型目标？如果发生这种情况，它们是否应当被最小化？这样我们就能总体上保持学习和进取？最新研究指出，这取决于奋斗者的个性。固定论者（或"害怕失败"特质水平高的人）在追求表现型目标时大多比较脆弱，而成长论者（或"害怕失败"特质水平低的人）似乎在追求表现型目标时不太容易出问题。所以再说一次，这取决于你如何看待自己以及成功和失败对你的意义！

4.6 反思：你的成就努力

请反思并写下成就目标在你的生活中扮演的角色。表现型取向和掌控型取向哪一个更能代表你追求成就的努力？当你是表现型取向时，你是更倾向于趋向成功还是回避失败？此外，固定论和成长论哪一个更贴近你的深层信念？写下你的想法。

那么，对于那些想要正面激励自己和他人的人，可以从中获得哪些可行信息呢？

1. 即使在最要求客观表现的情境下，也应努力使自己和他人聚焦于在这种情况下能学到什么和如何发展，而非过于关注最后的结果（成功／失败）及其带来的影响。

2. 设定或布置客观的绩效目标（比如，打败别人或者赢取奖品）是可以的，有时甚至是必需的。不过，如果可能的话，不要过分强调这样的目标！

3. 当失败和挫折发生时，确保不要将它们解释成个人（你自己或其他人）的失败，或者将其作为无能和不够格的证明。请坚持将成功作为一个过程来看待，这个过程需要坚持不懈地努力和不断地提高技能。这样的话，从长远来看，你（和你所关注的人）将会获得最大的收益。

回顾：成就目标理论和自我决定理论

或许有人已经将成就目标理论和第 2 周提到的自我决定理论联系在一起了。实际上，它们有很多明显的相似点。成就情境下的掌控型目标与相同条件下的内部动机相似——人们关注任务本身，对任务更感兴趣，而不是将努力作为达到目的的手段。相比之下，成功情境下的表现型目标和相同条件下的外部动机相似——个体会考虑报酬或可能获得的惩罚，如果不是为了那些有巨大诱惑的可能性，甚至根本就不会去行动。

成就目标方法受到教育心理学领域的青睐，因为它的定义容易理解、具体且适用于许多现实的教学情境（如参加考试、做作业），而且不会引起类似自我决定理论引发的那些与自我相关的难题。不像自我决定理论那样会问："这是自我拥有并认可的目标吗？"成就目标理论的问题是："这个人对能力持有哪种自我信念？"考虑到自我的本质，这让成就目标理论更加靠近"主流认知"。或许在你的工作和学习中也是如此，成就目标方法更容易引起你的共鸣。我建议：一个人不仅需要感到自己在生活中有胜任感，还要有自主感且觉得能充分地表达自我，这很重要。这将是完全不同的体验，也可能某种因素多一些，而其他因素少一些。我们将在最后一节课深入这个主题，探讨3种心理需求：自主感、胜任感和联结感。

第 4 周要点回顾

1. 在本周，我们解释了过去的事件如何影响我们对未来的动机：对成功的内部稳定归因和对失败的外部不稳定归因会为我们提供最大的情感效应和后续动力。不过，我们要小心地避免"自利偏见"，它会阻碍我们学习本该学的东西。

2. 我们还对比了"固定型"和"成长型"理论。固定论者相信能力是固定的，关心的是如何证明他们的能力；成长论者相信能力是可以改变的，关心的是如何提升他们的能力。

3. 当失败出现时，固定论者是脆弱的，因为他们倾向于对失败做内部稳定的归因，然后放弃努力。或者，他们通过没睡好觉、没有准备好等理由来自我妨碍，为今后的失败设置好了条件。成长论者可以很好地处理失败，因为他们真正的目标是学习和成长，失败提供了有价值的信息，让他们知道应该把努力聚焦在何处。

4. 最后，我们比较了"表现型"和"掌控型"的成就目标，将它们与固定论和成长论相联系。我们看到表现型目标可以带来很多好处，只要它们出现在追求成功而不是避免失败的时候。只有在避免失败的情况下，失败了的表现型目标会产生"无助"的动机模式。

参考文献

Dweck, C. S. (1999). *Self theories: Their role in motivation, personality, and development.* New York: Psychology Press.

Dweck, C. S. (2002). Beliefs that make smart people dumb. In R. J. Sternberg(Ed), *Why smart people can be so stupid* (pp. 24-41). New Haven, CT: Yale University Press.

Dweck, C. S., & Leggett, E. L. (1988). A social-cognitive approach to motivation and personality. *Psychological Review*, 95(2), 256-273.

Elliot, A. J. (2006). The hierarchical model of approach-avoidance motivation. *Motivation and Emotion, 30*(2), 111-116.

Elliot, A. J. Shell, M. M., Henry, K. B., & Maier, M. A. (2005). Achievement goals, performance contingencies, and performance attainment: An experimental test. *Journal of Educational Psychology, 97*(4), 630-640.

POSITIVE MOTIVATION

第 5 周

如何激励他人

主编导读

以上几周的内容都与如何激励自己有关，本周则与如何激励他人有关。本周的内容对教师、家长、咨询师、培训师、管理人员和领导者等各种需要管理、指导和激励他人的人，都特别重要。

自我决定的微理论中与本周相关的是关系动机理论（RMT）和因果取向理论（COT）。

关系动机理论（RMT）检验关系的重要性。这一理论认为，高质量的关系可以满足人类最重要的3种心理需求，其中"联结感"受关系的影响最大，不过"自主感"和"胜任感"也会受到影响。高质量的关系能够为个人提供与另一个人的联系，同时加强他们对自主感和胜任感的需求。也就是说，如果一个孩子从小得到了家人很多的爱、陪伴与支持，那么他在成长的过程中往往会与父母有很深的感情，也会比较独立和自主，同时，这个孩子往往也会对自己能够把事情做成、做好，有比较强的自信和自我效能感。

因果取向理论（COT）讨论的是人们在环境中体验到自我决定感的程度。具体而言有3种取向：自主、受控和非个人。最好的激励他人的方式是自主感支持，让人感到自己是自主的、有控制感的、得到支持的。与自主感支持相反，当人们感到自己受外界控制时，就会导致功能僵化和幸福感下降，产生很多消极的结果。非个人的取向是将行为解读为超越个人可控性的，这类人往往缺乏动机。

我们都不喜欢被人控制，不过，我们自己往往也会自觉或不自觉地控制他人，因为我们希望别人能按照我们的意愿行事、达成我们的目标。在很多时候，我们确实是真心地认为自己是为对方好。现在，学了《积极的动机》这门课，我们就要克制自己的控制欲，给予对方自主感的支持。

作为家长、老师、管理者和领导者，我们不可避免地要给他人指派任务，包括对方不喜欢的任务。这时，我们可以采用本周介绍的方法，让对方觉得他们有选择余地、有个人控制感，总之，一定要尽量避免让对方有被支配的感觉，比如可以让对方参与作出决定的过程，这不仅让人有被"赋权"的感受，还能帮助他们理解目标背后的原因。还有一个好办法是，巧妙地提供一些线索或暗示，或者把想出新点子的机会自然地呈现给对方，让对方觉得，是他们主动想要做这件事，是他们想出了好办法，而非我们将自己的想法强加给了他们。

那么，还有哪些方法可以给予他人自主感支持？应该如何科学地给予他人表扬？本周的最后给出了有关这些问题的非常具体的建议，希望你能亲身实践，看看是否有效。

在第1周的课程中，作者指出，"工作狂"不是动机过强，而是动机不当：要么将动机指向了错误的方向，要么用错误类型的动机来做正确的事，要么就是不能平衡不同的动机，或以其他重要东西为代价去追求一个目标。

那么，"躺平"是怎么回事？躺平的人是无动机？还是动机不当？抑或是一种合理的动机？如果我们想激励一个躺平的人，那么应该怎么做？这是留给你的思考题。

积极的动机

欢迎来到"积极的动机"第 5 周的课程！上周，我们介绍了对过去事件的解释如何影响我们对未来的动机：对成功的内部稳定归因和对失败的外部不稳定归因提供了最大的情感效应和后续动力。然而，在考虑内部稳定的归因时，我们不能盲目地相信所有的成功。我们还必须小心避免会阻碍我们学习的"自利偏见"。

上周，我们还比较了个人能力的"固定型"和"成长型"理论。固定论者认为能力是固定的，关注的是证明自己的能力；成长论者认为能力是可变的，关注的是提高自己的能力。当失败出现时，固定论者是脆弱的，因为他们倾向于为失败寻找内部稳定的归因，然后放弃努力。或者，他们找理由给自己设限，给下一次的失败设置障碍。成长论者则可以更好地处理失败，因为他们的真正目的是学习和提高，失败能给他们提供需要在哪里集中努力的有价值信息。

最后，我们比较了与固定论和成长论相关的"表现型"和"掌控型"成就目标。我们看到表现型目标可以带来很多好处，只要它们出现在追求成功而不是避免失败的时候。只有在避免失败的情况下，没能实现表现型目标才会产生"无助"的动机模式。

第 5 周
如何激励他人

本周，我们会讲到"激励他人"这个非常重要的课题。这个问题在前几个星期的课程中不时涉及，尤其是在提出各种"需要牢记的激励要点"的时候。不过，今天我们将把所有的内容汇总起来，集中在一起。当然，激励他人对我们所有人都至关重要！随着年龄的增长，我们承担越来越多的角色，可能包括父母、经理、治疗师、教练和教师等，很多角色都需要监督或指导他人。那么，我们如何正确地激励他人以最大程度和最高质量地完成需要做的事情？我们怎样才能让他人"想要"做我们要求他们做的事？什么方法是真正有效的？本周，我们会找到答案的。

> **"激励他人对我们所有人都至关重要。"**

5.1 活动：激励他人

请想想在生活中你需要激励他人的 1~2 个情境。激励他人可能出于你扮演的一个普通的角色（"我需要激励我的客户，让他们在朝着自己的目标努力时保持干劲儿"），或者是你身处的一种特定的关系（"我需要激励我的女儿在她出去玩儿之前完成她的功课"）。想想你经历过的典型的动态过程——潮起潮落的过程。思考以下问题，并在空白处写下你的答案。

- 最初要求他人完成某项任务时，你通常会如何与之沟通？

- 他人通常是怎样回应的？

- 在这些情况下，经常会反复出现的问题是什么?

- 激励他人时，什么时候你做得最成功?

- 什么时候你觉得自己是在白费力气?

积极的动机

想一想，激励他人其实是自相矛盾的——你有动机，正试图将该动机传输给另一个人；你希望自己的动机是"有感染力的"，可以感染另一个人，但这也许是不可能的！你的动机不可能是他人的动机，只有他们（和他们的大脑）本身才能产生动机。所以问题变成了——我们如何才能在他人大脑里推动产生这样一个过程，在这个过程中，他们自发产生与我们一样的动机，即使我们不在他们身边，这个动机仍然会持续下去。

在讨论自我决定理论时，我们已经触及了这个问题的答案。再重复一遍，自我决定理论用动机内化的连续体解释了动机的"为什么"问题。人们对动机的内化，通常会经历无动机（无助）、外部的动机（奖励）、内部的动机（内疚）、认同的动机（信念），到内在的动机（愉悦），见第 2 周的图 2-1。当动机被内化时，它就会完全与自我相融合，此时，一个人想要做什么行为完全是出于他自己的原因，而不觉得是在被强迫。

根据自我决定理论，内化的关键是源于权威一方的"自主支持"（autonomy support）。自主支持的权威方需要做到基本的两点。

第一，他们站在被激励者的角度，承认并尽力淡化两者在当时情境下的权威差异。例如，一位数学老师可能会说："我知道你不想学这些三角函数，我也记得我第一次接触三角函数时感觉多么无聊。"目标是表示你意识到并尊重对方的个性——你在乎他们的想法，而且希望你们两人之间能够达成良好的沟通。

第二，自主支持的权威方试图在当时情境下提供尽可能多的选择。例如，老师可能会说："你可以单独或以小组的形式做题，完全取决于你。另外，你可以选择开始的时间。如果不想在学校做的话，也可以在家里做。"这样做的目的是帮学生感受到他们才是自己行为的主导因素。"我这样做是因为老师让我这样做"不如"我这样做是因为我就是想在这个时候这样做这件事"这个想法更有利于学习。

当然，提供备选项并不总是可实现的。首先，有些活动可能没有办法提供其他的选择，比如，学数学的学生需要学三角函数，这是他们必须要做的，别无选择；上班族需要提交预算报告，尽管做这些工作并不有趣。其次，很多时候无法让被激励者选择"何时"和"如何"从事这些活动。想一想，如果一个学生必须要参加一场即将到来的标准化数学测试，而且必须在规定的时间内以一定的方式完成，这时该学生就没有其他选择了。在职场也一样，比如特殊规定和截止期限，这些都要求员工必须按照规定完成任务。这时至关重要的是，发布任务的一方如果支持接收任务方的自主感，就要为无法为对方提供其他选择作出合理的说明："为什么这个考试一定要采取这种方式？为了给所有的人提供公平的环境，也为了分数可以被公平地比较。""为什么必须学三角函数？因为它是所有更高级形式的数学的基础，掌握这些技能会为你的数学打下坚实的基础。"在提出要求时，要给对方提供必要的解释，这就与"我告诉你要这么做"的方式有了本质的区别。

积极的动机

一些人可能会想:"很明显,他只是对那些想要激励的人说些'好听'的罢了。"你是对的,这是显而易见的。然而,这并不容易做到。那些处于权威位置、承担着激励他人的任务的人也有着自己的难处。

首先,他们掌握了支配权。人会本能地享受和利用"高高在上"的地位,正如我们知道的,"权力导致腐败"。

其次,权威方不仅拥有权力,也有责任。如果老师、父母、经理或教练不能让学生、孩子、下属或客户有好的表现,这将危及他本人的声誉和成就。对本人名誉和成就的担心可能会导致权威方产生强迫他人的倾向,即运用权力"让"自己想要发生的事情发生。不幸的是,这可能会适得其反,就像在前文提及的移民二代的例子,父母试图强迫第二代移民子女坚守父母原本的传统文化,孩子们却并没有内化这些文化传统。

最后,权威方必须要有耐心。给学生、孩子、下属或客户提供选择空间后,事情可能并不像权威方预期的那么快发生,或者刚好以他们希望的方式发生。这并不意味着权威方必须接受被激励者的表现低于他们的要求;相反,他们必须继续提供反馈并愿意付出时间。支持自主感的指导必须是经过协商的,也就是说,被指导者可以决定他们要在什么样的方式和条件下接受激励。这里的关键在于,要促成内化,最终使被激励者感受到"我要这样做",而不是"我的处境迫使我不得不这样做"。

再强调一遍,这可能是相当困难的!支持自主感是一种技能,需要通过大量的实践练习才能培养、发展起来。面对我的研究生时，我还挺擅长使用这个技能，我让他们自己选择做什么样的项目，以及何时做、如何去做。不过，他们已经选择读我的研究生并接受我的指导，所以问题不是很大。但是，我却不是很善于在我的孩子们身上运用这种支持自主感的技能。首先，他们不在乎自己的房间是否干净或离开房间后是否关灯，他们似乎不在乎我说的任何事情。这样一来，有时我就会变得爱嘲讽他们和对他们有控制欲！其次，作为孩子，成长中的一个重要的特点就是要突破限制、独立于父母，这个因素也不利于展开上文概括的那种协商过程。

不过，我可以分享一下最近取得的一个小胜利：我想激励11岁的儿子背诵乘法口诀表。这是一场辛酸的抗争。今天早上，他主动背诵了他一直努力背诵的几个答案（"$6 \times 8 = 48$；$7 \times 9 = 63$"），我很高兴地表达了我的骄傲和赞赏！在说服他的过程中，我试着站在他的角度思考，向他解释了背乘法表为什么如此重要，我希望是我的这些努力最终产生了效果。

在自主支持过程中要避免两个误区。

第一，自主支持不是放任自流。管理者不会让被管理者做他们想做的所有事情，或者做达不到预期目标的事，或者做危险的事。很明显，我们不能让孩子们在交通繁忙的时候随意在街上玩耍，或者滥用药物，或者没有生病也待在家里不去上学。正如我们不会让员工想休假几天就

积极的动机

休假几天，或者逃掉听上去不太重要的小组会议，或者采取不道德的经营方式。因此，自主支持并不意味着没有规则、期望和标准，也不代表对不当行为没有惩罚。

相反，自主支持意味着以他人能理解和接受（而不是抵制和拒绝）的方式，就规则、期望和行为后果进行沟通。控制他人（如"我不在乎你是否喜欢，你必须按照我说的做"）与树立规则和标准是不一样的，控制只会导致对规则和标准的抵制。例如，一个说"我一直是这样做的，所以你必须这样做"的经理，会比一个说"我一直是这样做的，但你可以有不同的做法，让我们来谈谈"的经理激发更少的内在动机。

第二，自主支持不意味着没有结构。在自主支持的情况下可以有很多结构，问题的关键在于如何沟通和管理这些结构。例如，一个自主支持的体能教练可能提供多种训练方案给客户选择，每一种方案都规定了一套非常明确的训练步骤和程序。人们不介意这些步骤和程序。事实上，他们有时候宁愿要一个能按部就班地遵照执行、众所周知会产生效果的计划。这也许可以解释为什么一些锻炼项目或饮食的自助书籍是如此受欢迎！最主要的是，学员要亲自认可且遵守这个计划或方案。从自我决定理论和目标系统的视角看，自我必须掌控整个计划，而不是被计划掌控。你可以把这种观点看作实现动机的"菜单法"：有几种不同的方案可供选择，个体可以从中进行选择，但选项只限于初始"菜单"中列出的几项。

5.2 反思：你通常是如何激励他人的？

在这个问题上，请再回想一个或几个需要你激励他人的情境。想一想你通常采用的方式是怎样的：你在多大程度上，是像我们之前定义的那样，属于支持自主感的？在多大程度上，是相反的，属于控制性的？同时，再强调一下，在这些情境中你拥有权力。那么，你如何使用那些权力？你是否曾尝试去缩小权力的差距，或者你是否曾尝试去使用或放弃这种权力呢？你会在协商中把你的下属看作合作者吗，还是把他们看成想要逃避这种情境的懒虫？（我经常把我的孩子看成后者！）请花几分钟想想这些问题，写下你的回答、理解或感悟。

积极的动机

因此，根据自我决定理论，积极鼓励他人的方式是在当时的情况下支持他们的自主感和自我意识。那么从成就目标的视角来看，该如何去激励他人呢？卡罗尔·德韦克认为，方法很简单：尽量帮助被激励者专注于学习型目标与掌控型的目标，这样他们就能发展出对能力的成长型理论。更具体地说，在指导学生、雇员或孩子们达成目标时，不要过分强调奖品、钦慕或者对"赢"的认可；相反，要强调过程——从这段经历中能够学到什么。当遇到失败时（他们一定会），要强调的是从失败中能吸取哪些教训，谈一谈下次怎样能做得更好，而不是批评或指责。避免对他们使用固定型术语（比如"他不擅长数学"），因为这些话会强化无能和阻滞的想法。

还有一个有趣的问题：如果他们做得很好，该怎么办？我们该告诉他们"你们很聪明、聪慧或才华出众"吗？如果是我们自己做得很好的话，难道不应该得到称赞吗？的确，做得好是一种可以享受我们才能的成果的情况，无论奖励是什么（也许是通过别人的赞赏让自我感到满足）。这就给我们带来一个问题：一个人成功后，做出内部稳定归因是否是好的？在某些方面这种归因可能让人感觉好极了，但这会不会是那种"爱吃糖，却因吃糖而影响健康"的情况呢？或许，一个人应该常将成功归因于内部不稳定因素，比如努力、坚持或毅力，而不是内部稳定的因素？

1998年，德韦克和她的同事们通过一系列吸引人的实验回答了这个问题。在他们的实验里，孩子们被要求做智商测验题。在第一次测验后，他们被告知做得很好，要么被表扬说"你一定很聪明"（条件1），要么被表扬说"你一定很努力"（条件2），要么什么都没有说（条件3）。然后孩子们被问到在下次测验中想追求什么目标。接受"聪明"反馈的孩子们倾向于选择表现型目标，而接受"努力"反馈的孩子们大多数选择了学习型目标。第二轮测试后，所有孩子都被告知他们做得很差（不论他们实际表现如何）。一开始得到"聪明"反馈的孩子们在第三轮测试中表现最差，努力更少，最不享受整个实验过程，在自由选择期间做的题目更少。此外，被给予"聪明"反馈的孩子更容易对另一个孩子（参加同一个实验的伙伴）隐瞒自己真实的表现。只因一句赞美就引发了整体的消极症状！相反，那些在第一轮测试后被告知"你一定很努力"的孩子们，在第三轮测试中表现最好，更努力，也更享受挑战的过程。

5.3 反思：在正确的环境中，给出适当的表扬

请深入思考上文提出的问题。表扬在什么情况下才是积极的动力，在什么情况下又会产生反效果？你认为判断激励者是控制性的（通过表扬来支配他人的表现）还是支持自主感的（通过表扬来帮助他人实现更强的内部动机）是否重要呢？

回顾：我们真的应该避免赞美他人吗？

这一实验结论告诉我们什么？我们看到，不仅是感觉糟糕的失败，就算是感觉良好的成功，也可能会产生事与愿违的不良动机。在东方文化中，我们强调不应该让那些做得不错的人过度自满；如果表扬他们，应该表扬他们的努力和坚持，而不是他们的能力。事实上，当我第一次读到这些研究后，我就不再称呼 8 岁的女儿为"聪明的小宝贝"，相反，我试着表扬她认真、自觉地做功课。

当然，德韦克不是说永远都不应该给出赞美、奖励等。员工享受在工作中被认可的感受。重点是，如果他们为组织贡献的努力得到了表扬，而不只是赞扬他们的能力或智慧的话，他们可能会受到更多的激励。想想看：如果我们的能力是一种稳定的性格或天分，它是与生俱来的，那就意味着我们什么也没有做，不值得被称赞。我们之所以"值得"被表扬，是因为我们充分利用了自己的能力，不让挫折阻挡我们前进的步伐。

然而，我应该指出，积极（教练）心理学中有一种新的激励技术，被称为"认可"（acknowledgment）。其要点是认可被激励者的"标志性优势"（signature strengths），例如，"我真的很佩服你坚持按时完成这份报告。事实上，你的毅力一直让我印象深刻"，而不只是"你按时完成了报告，非常不错"。此外，盖洛普公司的研究显示，某些类型的赞赏是有效的（比如，来自老板的经常性的正面反馈，而不是每月一次的"本

积极的动机

月最佳员工"奖）。为什么前一类赞赏有效？也许因为它是针对"过程"的表扬（如赞赏毅力），表达出老板对此人的努力以及其特有的优势是很欣赏的。最重要的是要避免"让人过度自负"的赞美，或避免让他们为可能无法保持这种值得表扬的状态而感到害怕。如果赞美针对的是一个人运用自己独有的优势并付出了努力的话，那么，就不太会出现过分自大以及对未来失败的恐惧。

> **"认可技术的要点是认可被激励者的标志性优势。"**

5.4 反思：适当地表扬

请花点时间想一想，你什么时候表扬过你身边的人？你是怎样表扬他们的？你强调的是什么？是他们的能力，还是他们不变的天赋？或者，是他们的努力，还是他们改进后的能力？你有没有遇见过表扬似乎产生了反作用，让一个人过度自负或者对未来表现产生了负面影响的情况？请在这里写下你的想法或感悟。

第 5 周要点回顾

这次复习可以看作一个实证支持的激励技术的"快速指导手册"。

1. 要通过引导被激励者将自我意识加入任务中来支持自主感；站在他们的角度，提供选择，对提出的要求提供有意义的解释。

2. 避免控制或者用权力"强迫"自己想要的结果发生。要有耐心：记住，这是协商，而非命令。

3. 强调学习型目标和掌控型目标，把表现型目标置于次要位置。

4. 避免对客户似乎固定的能力提供反馈，即使反馈是积极的；相反，对客户的努力、学习和坚持给予反馈。支持成长论而不是固定论的成就理论。

5. 如果你想要关注被激励者的品格，认可他们特有的优势，而不是他们的普遍能力，那就要让他们认识到自己的才能是怎样为团队或组织的整体目标作出贡献的。

6. 遇到失败时，将焦点放在可以从失败中学到什么，以及在将来应如何改进。为失败寻找内部不稳定的归因。

> **快捷参考：激励他人的关键要点**

下面是更多的建议，其中涉及在之前的课程已学过的概念或理论，我分别标出了是第几周的内容，便于你返回温习。

- 第 2 周：试着用内在的（而非外在的）词语描述要布置的任务。例如，不要用"这会帮你赚到钱"，而要用"这对公司有帮助"来布置任务。这关系到动机的"是什么"。

- 第 2 周：试着促成内化的动机（内在的或自我认可的动机），而不是外部动机（关注奖励）或内摄动机（关注负疚感）。这与动机的"为什么"相关。

- 第 3 周：试着注意被激励者目标系统内的自律缺失和计划不足，帮助他们敏锐注意到真正需要提升的东西，帮助他们掌握需要学会的具体技巧，从而帮助他们达成需要完成的计划。这和动机的"怎么做"有关系。

- 第3周：尽可能不要给被激励者安排相互冲突的目标，注意检查已存在的那些可能影响被激励者表现的冲突。这也和动机的"怎么做"有关系。

- 第3周：经常对被激励者能够完成任务的能力表示信心，不要太快地否定他们更高的志向和雄心。这有助于培育自信和自我效能感。

- 第3周：试着创造一种能自动"启动目标相关行为"的场景，包括帮助被激励者产生"在适当情境发生时，会自动提示执行"的实施意愿。这能够使被激励者即使在没有刻意思考的情况下，也会产生被激励行为。

- 第3周：只要可能，尽量使用趋向模式而非回避模式。对于人们来说，知道应努力做到什么，比知道应努力回避什么，要好得多。

- 第3周：试着帮助被激励者选择自我协调的目标——那些表现出他们自然的性情、天赋和兴趣的目标（就像那个医学预科生真正的目标是想成为一名历史学家一样，学习历史是比医学更自我协调的目标）。

参考文献

Dweck, C. S. (1999). *Self-theories: Their role in motivation, personality, and development.* New York: Psychology Press.

Deci, E. L., & Ryan, R. M. (1987). The support of autonomy and the control of behavior. *Journal of Personality and Social Psychology, 53,* 1024-1037.

Mueller, C., & Dweck, C. S. (1998). Praise for intelligence can undermine children's motivation and performance. *Journal of Personality and Social Psychology, 75,* 33-52.

Rath, T., & Clifton, D. O. (2004). *How full is your bucket? Positive strategies for work and life.* New York: Gallup Press.

POSITIVE MOTIVATION

第 6 周

人们真正需要的是什么

主编导读

本周在更深的层次上讨论了3种心理需要：自主感、胜任感与联结感，并把前几周的内容进行了整合。

我很喜欢本周中关于两个法学院的研究。这个研究非常有说服力，这个实例也顺带展示了作为科学的心理学，其结论是怎样得出来的。

动机和目标是一个涉及众多理论的庞大话题。仅以自我决定理论而言，自20世纪80年代爱德华·德西和理查德·瑞安提出自我决定理论之后，在过去40多年间，他们不断地完善这一理论，包括谢尔顿在内的其他学者也在积极地补充这一理论相关的内容，导致与动机、目标和自我决定理论相关的研究卷帙浩繁，如果再加上积极心理学的理论和观点，就更为庞杂。坦率地说，如果让我写一本书或者做一门课来梳理相关领域的知识，还要用通俗的语言来讲授相关的理论和方法，我会觉得是一个很大的挑战。

然而，谢尔顿教授做得非常好！在这一本并不算很厚的学习手册中，他将动机、目标、自我决定理论以及积极心理学相关的最主要的概念、理论和方法以一种我们可以立即理解的方式做了介绍，并用循循善诱的方式来教我们其中的道理、鼓励我们认真地学习，同时还设计了很多引人深思且简便可行的练习来加深我们的思考。

本书在科学研究和实际应用之间取得了良好的平衡。在阅读和学习中，你会感觉整个过程是很顺滑的，没有无法跨越的沟沟坎坎。不过，作者还是坦诚地告诉我们：要成为一个更有动力、更快乐的人，没有秘方或立竿见影的解决办法，而是要通过切实的学习和努力。是的，学习这 6 周的课程本身就需要动机。作为研究动机的顶级专家之一，谢尔顿教授在 6 周的时间里，不断地给我们鼓励，激发我们内在的动力。

我将本书强烈推荐给所有对动机与成功有兴趣的人。如果你或你所关心的人有以下情况，本书介绍的积极动机技巧一定会对你们有所帮助：

- 没有进取心，缺乏奋斗精神

- 做事缺乏干劲，感到没有动力

- 工作狂，生活失去平衡

- 努力却得不到期望的结果，感到不知所措

- 想完成更多的工作，取得更大的成就

- 想激励和帮助他人，让他人最终能自我激励

对于有上述需求的人士，这本书是你通往成功和幸福的导航仪。

积极的动机

欢迎来到最后一周的课程！我们已经走了一段很长的路。上一周，我们探讨了如何提高或增强他人动机的问题。在这里，我们面临这样一个棘手的问题："如何将我们的动机以某种方式传递给另一个人，让他们想做我们认为他们应该做的事情？"显然，一个办法是设置足够大的诱惑或惩罚。然而，如果被激励者不内化这个动机，这样的方法无疑是愚蠢且不切实际的，从长远来看很可能适得其反——一旦不再有承诺的奖励或惩罚的威胁，动机就会消失。

一个更有效的途径是**自主支持**，通过这种途径，激励者站在被激励者的角度，为他们提供尽可能多的选择，并在无法提供其他选择的时候，提供一个有意义的理由。这样，被激励者能把自我意识和任务结合起来，使之内化，为任务本身而行动，而不只是为了一个外部激励因素。自主支持是一种需要承诺、耐心，并且愿意淡化自己的权力优势的技能。发展这个技能能够为每个人提供一个更为积极的激励环境。

上周，我们从学者卡罗尔·德韦克的成就目标角度，分析了如何积极地激励他人。在她看来，我们应该避免失败后的固定归因，只需要指出哪些地方需要努力和关注。和一般人直觉上认为的更不一样的是，我

第 6 周
人们真正需要的是什么

们还应该避免对成功的固定赞赏（例如，你真聪明！有才华！漂亮！），而只应赞扬他们的努力、学习和成长。这样做是为了让人全身心地投入，避免自大。德韦克的建议与当代许多自尊感研究的建议是一致的，他们认为我们不应该直接提升他人的自尊（比如，给学龄儿童发金色星星），也不应该鼓励人们把自尊建立在成就的基础上。**自我更应该作为一种可沟通的资源，而不是作为一种需要捍卫的象征。**

所以，到目前为止，你对当代激励理论中一些非常重要的概念已经有认识了，这些概念已被经过专家评议的研究数据所支持。希望你已经发现了许多种方式，能够在你的个人生活和职业生涯中用到这些概念！在最后一周，第6周，我们会提出一个问题："终极动机是什么？"即人真正需要并赖以生活的是什么？我们会发现，答案可能很简单。根据自我决定理论，我们需要感受到自主感、胜任感以及联结感。事实上，这些感受的存在或缺少可以解释大多数我们此前看到的模式和结果。

在第1周，我简要地谈了马斯洛著名的需求理论。需要提醒大家的是，马斯洛的理论认为，人有5种基本需求：生理需求、安全需求、爱与归属感需求、自尊需求和自我实现需求。马斯洛提出，人们尽力以下列顺序满足这些需求：一旦生理需求被满足了，例如有了充足的食物和居所，一个人就会寻求心理的安定和安全感；接着，他（她）会想与他人建立有意义的联系；一旦这些需求也都满足了，一个人便会去争取获得成功和自尊；最后，这些需求都完成了，他（她）就开始关注自我实现的问题，其中包括自我超越、精神生活，以及发挥一个人的最佳潜能。尽管这一理论有一定意义，但是现实生活中出现更多的可能是这一顺序的例外——即使在生理需求和安全需求得不到满足的情况下，有些人还是会追求更高层次的目标；还有些人即使所有低层次需求都得到了满足，也不会去追求自我实现。目前还不清楚马斯洛的 5 种需求是否真的都是必需的。例如，自尊以及一般而言对自我的专注引起的麻烦可能比提供的价值更多。

"自我更应该作为一种可沟通的资源，而不是作为一种需要捍卫的象征。"

6.1 活动：你最满意的事情

为了给下一个环节作准备，请花时间想一想你去年经历过的最满意的一件事。你可以用任何你觉得说得通的含义来定义"满意"，然后写下你能记起来的去年最满意的那件事。请现在就做！在这里写下你关于这个事件的想法。

积极的动机

在研究中，我们试图回答这样一个问题："基本的心理需求到底是什么？"换句话说，什么才是可以给全世界人类带来快乐和幸福感的必不可少的感受？一项引起国际社会关注的研究对比了10种"备选需求"，想看看到底哪一种才是最重要的。被试写下他们生活中"最满意的事情"，然后对这10种备选需求进行排名，同时也对他们在做这些事时的情绪状态进行排名。10个备选的需求包括马斯洛的5个层次的需求：健康、安全、归属、自尊和自我实现（意义），也包括自我决定理论中的胜任感和自主感（自我决定理论中的联结感已经被包含在马斯洛需求系列的归属感中），还包括其他几种常见的需求，如人气（名望）、金钱（奢侈生活）和刺激（享乐）。

在全球样本中，结果都是一致的。当被问及"在你满意的事件中，令你满意的是什么？"时，回答中出现最多的是自主感、胜任感、联结感和自尊。这4种需求的平均排名最高，每种需求也都能够促使被试产生积极的情绪状态。换言之，当人们想到让自己满意的事件时，他们往往会想到能体现出自主感、胜任感、联结感和自尊的经历；同时，这些经历中包含上述4种需求越多，他们在经历中体会到的幸福感就越多。依据这一研究结果，我们可以得出结论：健康、金钱（奢侈生活）、人气（名望）、刺激（享乐）、自我实现（意义）和安全感都不属于基本的心理需求。值得注意的是，这些结论都来自大学生样本，如果我们使用其他样本（如老年人），那么其他需求（如健康）也可能会被认为是非常重要的。

第 6 周
人们真正需要的是什么

这些结果很好地支持了自我决定理论中有关基本心理需要的观点。不过，自尊是怎么回事？我刚刚不也说过，这是个问题吗？事实上，如果你拥有自尊，那当然很不错；然而，如果你没有的话，似乎就特别有问题，尤其是在你非常想要得到它的时候。通过争取自尊，人们变得持有固定论取向和以自我为中心，并被剥夺了可以帮助他们实现持久快乐的更深层次的资源。

再来谈谈自我决定理论的三大需求。自主感大家应该很熟悉了。我们已经学过，认同的和内在的动机都被认为是自主动机，因为它们让人感到自我得到了表达。概括来说，人们需要感到对自己做的事情有所掌控，感觉到自己认可、选择了目前所做的行为，并认为它是有价值的。这就是为什么支持自主感的激励方法是如此重要——通过帮助人们满足（当时情况下的）自主感需要，这种激励方式有助于被激励者达成持久的最佳表现。自主感在某些方面是自我决定理论提出的三大需求中最具争议的，因为人们有时会混淆自主与独立（不依赖他人）以及自主与以自我为中心（不关心别人）。其实独立与自我中心这两者都不是自主。一些研究人员也质疑自主需求是否真的具有普遍性：也许，在集体主义文化中，它就不会那么重要了？事实上，很多跨文化数据显示，有自主意愿和自我掌控感的自主感，而不是以独立性或自我中心来衡量的自主感，对所有人类来说都很重要。

那么胜任感呢？胜任感与我们在第 3 周讲到的高期望和高自我效能

的概念相关。再讲一遍，研究表明，人们需要感受到"自己可以做得很好"的这种自我效能感和自信。胜任感也与前面谈到的表现型目标和掌控型目标的概念相关。有证据表明，当一个人追求的是掌控型目标而非表现型目标时，他对胜任感的需求会被更好地满足，尤其是在表现型目标关注的是避免表现出无能的时候。胜任感的需求最初是由罗伯特·怀特（Robert White）在1959年提出的，他称之为"效能"（effectance），并认为这种动机构成了最具探索性和成长性的努力的基础。这一点也支持了（在理想情况下）胜任感与内在动机而非外在动机有关的观点。因此，除了支持他人的自主感，激励者还应该通过鼓励、提供暗示和资源、传达对他们有能力成功的信心等方式，支持他们对胜任感的需求。

最后，让我们看看联结感。实际上，目前为止的课程中，我们很少提及这种需求，反之，自主感和胜任感一直占据着我们的注意力。联结感对于人们的幸福甚至身体健康都非常重要，孤独和被孤立的人往往更容易生病和更早死亡。间接地，联结感对于人的积极动机也至关重要。试想一下，当我们支持一个人的自主感时，我们也潜在地支持了他们对联结感的需要，因为我们平等地看待和关心他们，足够尊重他们，让他们能够作出自己的选择。当然，我们还有其他方式来支持他人的联结感，如鼓励与他人建立友谊或合作关系并关心他们在特定场合以外对联结感的需要。

请注意这里提到的重点：自主感和联结感是相互伴随的。人们通常认为这两个需求是相互冲突的，不能兼得。他们认为，通过与他人建构联系和适应他人，我们不得不牺牲一些自主感，反之亦然。事实上，只有在自主等于独立的情况下，这种观点才有道理。如果社会生活是一个零和游戏，那么我们自己的幸福可能需要以他人的幸福为代价。但实际上自主不等于独立，社会也非零和游戏。在现实中，当我们真切感受到与他人相关时，我们也可能会感受到独特的自我得到了充分的表达，反之亦然。在这里，自主感和联结感不存在冲突，事实上，有时在数据上也很难把自主感和联结感分开。如果人们觉得有冲突，通常是因为他们试图控制对方，不允许自我在这个关系中完全存在。

"自主感和联结感是相互伴随的。"

6.2 反思：自主感和联结感

- 请花点时间想一想你与另一个人存在的某些冲突——可能是你与同事相处不好，可能是你与上司的意见不一致，可能是你的婚姻在某段时间里出现了问题。在上述问题发生时，在多大程度上你们两人都感觉到自己真的有自主感？在多大程度上你们两人都感觉到自己和对方是有关联的？比起建立真实的两人关系，是否有一方更想占据主导地位？在这期间你感觉如何？你是怎么看待对方的？最终发生了什么？这个问题情境得到解决了吗？这种解决方法是否与自主感或联结感有关？思考这些问题并写下你的回答或得到的启示。

● 现在，请回到前面让你回想"最满意的事情"的练习。你可以测试一下我们的研究结果是否符合你的情况。这个事件让你获得了更多的自主感、胜任感和联结感吗（比如，你选择学习一门有趣的技能，掌握它，并用它来使某个你看重的人快乐）？这个令你满意的事件也涉及自尊感吗？那么其他5个备选的需求呢？令你满意的事件在多大程度上让你感受到了有关健康、刺激（享乐）、安全、金钱（奢侈生活）或人气（名望）的需求？还是与这些需求无关？当然也有可能，让你"最满意的事情"是我们发现的模式的一个例外？请花些时间来考虑这些问题！在下面写下任何有关的想法。

回顾：整合思考

在最后一周的最后这一部分，我想把我们一起学过的内容放在一起作为整体来回顾一下。我们 2007 年发表的一项研究，检测了法学院学生在 3 年学习生活中发生的变化。法学院因"挫败学生"而臭名昭著，学生们最初对待事物持兴奋和乐观的态度，然而到第三年时，出现抑郁、疏离感和物质滥用的人数急剧增多。

为什么会这样呢？我们的研究比较了在两个不同法学院就学的学生，使用自我决定理论解释我们预计会看到的负面变化。其中一所学校非常有竞争力，严格规定了成绩曲线，非常看重排名和竞争，很少关注学生的需求，我们称这个学校为法学院 1；另一所学校则更多地以学生为中心，成绩是基于学生掌握学习内容的情况而不是排名确定，相当重视学生的需求和心理状况，我们称这所学校为法学院 2。当学生刚进入法学院时，我们评估了他们的幸福感和总体需求的满足度；第一年结束后，测试了他们的自主支持感受；第三年结束后，再次测试了他们的需求满足度和幸福感，还衡量了他们的成绩以及他们进入法学院后的自我协调动机。我们的测试结果非常好地支持了图 6-1 所示的这一特定的因果路径模型。这个模型呈现出的内容是非常值得我们思考的，因为它整合了我们在这个课程中提到的很多概念！

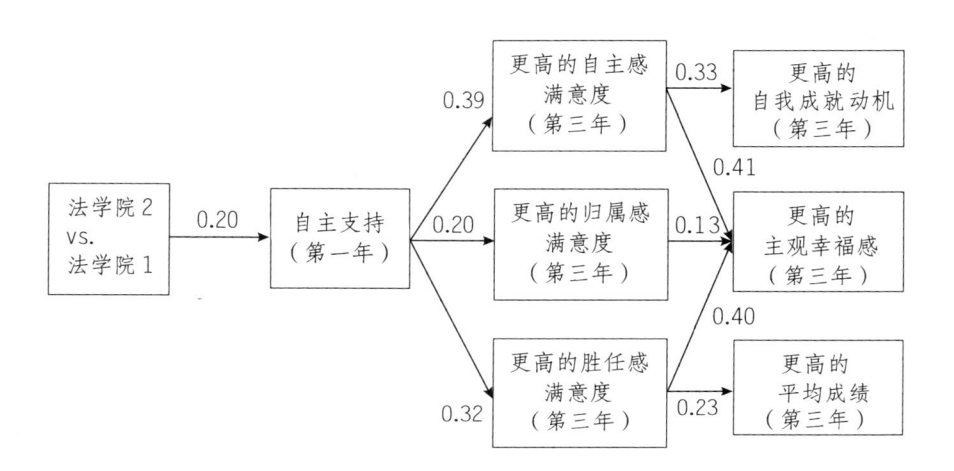

图 6-1 法学院学生研究模型

注：所有系数均有统计学意义

图 6-1 告诉我们什么？首先，让我们先想一想这张图没有告诉我们的一个事实——与刚进入法学院时相比，两所学校的学生在学业结束时都显示出了更低的主观幸福感。因此，法学院对所有的学生来说都是有问题的，这一结论与过去的研究也是一致的。

但是，法学院 2 的问题远没有那么糟。学生们以相同水平的本科成绩和入学考试分数进入两所法学院。然而，第一年结束的时候，法学院 2 的学生认为教师对他们有更多的自主感支持，觉得教师从学生的角度考虑问题，在教育的过程中为学生提供了有意义的选择，而且更少体现出精英主义和控制性。第一年结束时测得的自主感支持的感受相应地预示了两年后自主感、胜任感和联结感更高水平的满足（这些分析控制了初次测量时的需求满足度，因此，它们更关注需求满足度的变化）。反过来，需求满足度的变化对这项研究的最终结果变量也有着预见性的影响。

就像在"最满意的事情"这一研究中所发现的一样，这3种需求都预示了幸福感的提高；同时，自主感需求满意度的变化预示着个体更容易产生"成为一名律师"的自我协调动机；此外，胜任感需求满意度的变化也预示了更高的学业成就。从两年后的测评结果来看，法学院2的学生取得了更高的学业成就。图中未显示的是，法学院2的学生事实上也比法学院1的学生在专业律师执照考试中得分更高！这是法学院院长最关心的事情。作为教师、父母、管理者、教练或治疗师的你，或许也会关心这里提到的一些道理。

这些数据为改革美国法律教育提供了极大的支持，它们支持了批评者一直以来提出的论点：法学院在"去人性化"，然而它并不一定非要如此。如果教师试图提供更多的自主支持，学生们会更快乐、更健康，也会更成功，而且从整体上可能会对法律和政治文化产生重要的积极影响。这就是"积极的动机心理学"所起的作用！

6.3 活动：计划动机和自主支持

作为本课程的最后一个练习，我邀请你尝试将上面提到的观点运用到你生活的一些重要情境中。这个情境可能是你作为管理者激励和鼓舞员工的尝试，抑或是你作为教师、父母、治疗师或者教练的尝试。在你的案例中，你是如何运用自主支持的？你又期待最终能产生怎样的积极结果？又或者，你是作为一个被激励者来参加这个练习的。那么，如果你的激励者（如你的上级）更多地运用了支持自主感的方式，会产生什么积极结果呢？做这个练习的时候，你可以修改早前练习中填过的一些内容，或者重新安排这些内容。你可能会想将成就目标加进来，因为这样的自主支持过程可以促进学习、减少表现型目标，最后产生积极的结果。总之，一切都由你决定。请在这里写下你的想法。

积极的动机

回顾与展望

到此，我们已经在这个课堂上相伴走了很长的一段路！我希望这门课程既帮你验证了一些你已经知道的常识，也教给了你一些此前不知道的新知识。最后，我还有一点要告诉你，那就是：**动机理论是一个实践的理论**。动机理论可以帮助我们理解如何成为最好的自己，以及如何让他人成为最好的自己——这也是积极心理学的真实目标。我希望，通过运用你能想到的任何方式来实践这门课程学到的内容，你可以总结出自己的生活信条。我相信你会发现，任何地方都可以用到这些知识。祝你好运！

"动机理论是一个实践的理论。"

最后的课堂任务

请写一篇600字的小论文。首先，总结和整合你在这门课上学到的最有趣和最有用的知识，然后，将这些知识运用到实际生活的一些场景中。这是一个可以将所学融会贯通、深入理解、举一反三并活学活用的机会。这个任务没有标准答案，只是作为你认真思考并深入理解这门课程内容的存证！

参考文献

Dweck, C. S. (1999). *Self-theories: Their role in motivation, personality, and development.* New York: Psychology Press.

Deci, E. L., & Ryan, R. M. (2000). The "what" and "why" of goal pursuits: Human needs and the self-determination of behaviour. *Psychological Inquiry, 11,* 227-268.

Sheldon, K. M., Elliot, A. J., Kim, Y., & Kasser, T. (2001). What's satisfying about satisfying events? Comparing ten candidate psychological needs. *Journal of Personality and Social Psychology, 80,* 325-339.

Sheldon, K. M., & Krieger, L. K. (2007). Understanding the negative effects of legal education on law students: A longitudinal test and extension of self-determination theory. *Personality and Social Psychology Bulletin, 33,* 883-897.

White, R. W. (1959). Motivation reconsidered: The concept of competence. *Psychological Review, 66,* 297-333.

内 容 提 要

我们该如何保持内在动机，让自己生机勃勃、充满进取力，有一个成功且幸福的人生？我们该如何激励孩子、学生、下属和客户，让他们发挥出全部的潜力，而不是被不佳的表现拖垮？动机是一个关乎所有人的话题，它不仅与心理学研究相关，也是我们日常生活的核心。作者对积极动机领域的理论和发现进行了整合，给出了科学的具体建议。希望读者经过6周的学习，可以对动机理论和提升积极动机的方法有清晰的了解，并将它们有效地运用到实际的工作和生活中。

图书在版编目（CIP）数据

积极的动机：获得成功与幸福的内在力量 /（美）肯农·谢尔顿著；安妮译 . -- 北京：中国纺织出版社有限公司，2024.1

（积极心理干预书系 / 安妮主编）

书名原文：Positive Motivation

ISBN 978-7-5180-9563-6

Ⅰ.①积… Ⅱ.①肯… ②安… Ⅲ.①动机—通俗读物 Ⅳ.①B842.6-49

中国版本图书馆CIP数据核字（2022）第092424号

责任编辑：关雪菁　朱安润　　　责任校对：高　涵
责任印制：王艳丽

中国纺织出版社有限公司出版发行
地址：北京市朝阳区百子湾东里 A407 号楼　邮政编码：100124
销售电话：010—67004422　传真：010—87155801
http://www.c-textilep.com
中国纺织出版社天猫旗舰店
官方微博 http://weibo.com/2119887771
北京华联印刷有限公司印刷　各地新华书店经销
2024 年 1 月第 1 版第 1 次印刷
开本：710×1000　1/16　印张：11
字数：98 千字　定价：49.80 元

凡购本书，如有缺页、倒页、脱页，由本社图书营销中心调换

原文书名：Positive Motivation
原作者名：Kennon Sheldon
Positive Motivation
Copyright©2013 Robert Biswas-Diener, Positive Acorn LLC
All rights reserved.
Simplified Chinese copyright©2024 by China Textile & Apparel Press
本书中文简体版经 Robert Biswas-Diener, Positive Acorn LLC 授权，由中国纺织出版社有限公司独家出版发行。
本书内容未经出版者书面许可，不得以任何方式或任何手段复制、转载或刊登。

著作权合同登记号：图字：01-2022-4033